轻松造园记系列

新手的多肉植物庭院造景

[日]羽兼直行 编著

新锐园艺工作室 组译

王 颖 董 浩 陈 飞 黄少华 李海斌 译

中国农业出版社

不如一起来享受
打造多肉植物花园的乐趣吧

肥嘟嘟又可爱的样子治愈心灵，
犹如艺术品般的奇妙外形和独特质感，
栽培不需要花太多心思，
正是因为这些特征，多肉植物的人气居高不下。
不过也有一些人，
将多肉植物误解为室内植物。
实际上，多肉植物原本就生长在大自然中。
因此，栽培于室外，
更能欣赏到多肉植物充满活力的样貌。

多肉植物低矮的品种居多，
所以也适合种植在小空间。
加上管理轻松，一年四季都能观赏，
因此，多肉植物花园也适合没有太多时间打理花园的人。

多肉植物拥有超乎想象的魅力，
不如一起来享受打造多肉植物花园的乐趣吧！

即使在这种空间也能打造出小巧的多肉植物花园

多肉植物就算在土壤较少的地方
或者是犹如缝隙般的狭小空间也能健康生长。
所以再小的空间也别放弃，
试着将其变身为多肉植物花园吧！

具有深度的狭长空间

在停车场周边围绕着建筑物的长条形花坛，可以试着栽培多肉植物，与高低错落的植物组合成具有立体感的小花园。

在没有土壤的地方打造出栽培空间

多肉植物只需少量土壤就能生长，可以选择阳台等场所，将底部加高，打造出小小的栽培空间。

在庭院等主景树的周围，搭配宿根植物，还可以选择具有存在感的大型多肉植物，即使没有开花植物吸引眼球，也能给人留下深刻印象。

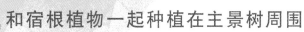

和宿根植物一起种植在主景树周围

不易淋到雨的屋檐下

多肉植物有许多不耐水湿的品种。你只要将其置于不易淋到雨的屋檐下，就能安心栽培了。长方形的容器中种植了'条纹十二卷''霜之鹤''神刀''舞乙女'等。

脚踏石的缝隙间

选择适合当作地被植物的品种，种植在庭院脚踏石的缝隙间，看上去仿佛是一个迷你花园。

小小的角落

在庭院的小角落，种植以景天属为主的多肉植物，搭配水泥摆件和迷你房屋模型，打造出一个梦幻的小世界，令人不禁想一探究竟。

阳台或玄关周围

不易淋到雨的阳台或玄关周围，非常适合用来种植多肉植物。试着用盆器或是一些可爱的杂货，打造出独具特色的空间吧！

木制篱笆

没有土壤的地方，可利用壁挂花盆悬挂在木制篱笆上，打造出立体空间。不仅便于打理，还能为庭院增添特色。

打造多肉植物花园的4个常见问题

Q1 多肉植物可以直接种在地上吗？

A 说到多肉植物，很多人认为需要在盆器中种植，其实多肉植物原本就是生长在大自然中的植物，种在土地上才是更自然的选择。但多数情况下，原产地和种植地的气候相异，所以并非所有多肉植物都适合直接种在土地上。其中也有不喜欢梅雨季节、夏季高温潮湿或冬季寒冷的品种，本书在『Part5 适合庭院栽培的多肉植物【图鉴】』中（P98～P111）列出了容易栽培且强健的品种，可供大家选择。

Q2 多肉植物都能露天过冬吗？

A 这个问题无法一概而论。因为日本的南北狭长，气候因地区会出现较大的差异。在房总半岛、纪伊半岛、九州南部及冲绳等地区，除了极不耐寒的多肉品种，大多数多肉植物都能露天过冬。在寒冷地区需要将耐寒性较弱的多肉植物种植在盆器内，到了冬天再移至室内，以度过寒冷的冬季。

虽然想要打造多肉植物花园，但是我做得到吗？
在这里为新手解答常见的疑问。

Q3 多肉植物可以和其他花草一起种植吗？

A 基本上是可以的。不过若其他植物生长过旺，会使一些低矮的多肉植物品种缺乏光照。此外，有些植物因生长旺盛，根系过于发达，使多肉植物根系失去生长空间。同时，也不建议和喜湿的植物一起种植。建议选择与多肉植物生长环境相似的植物（参考P54）。

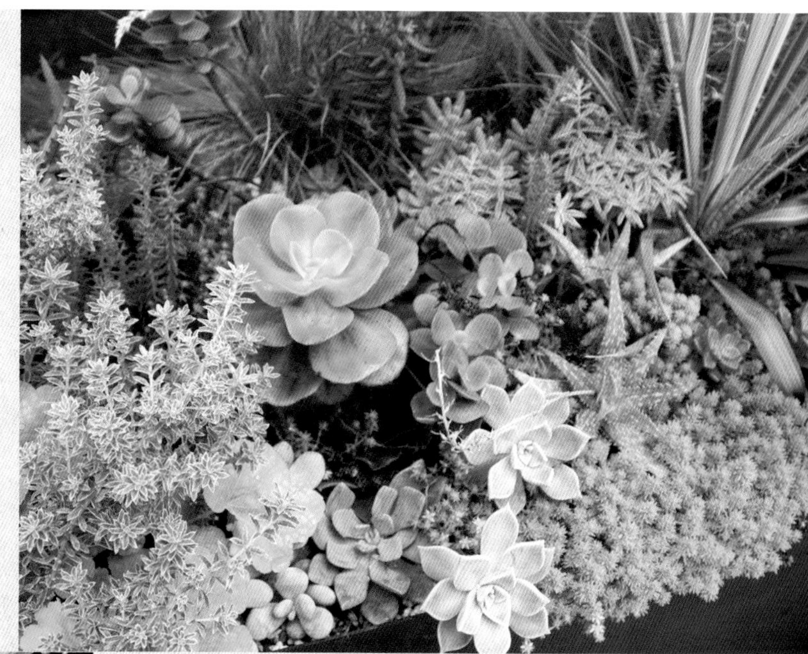

Q4 多肉植物花园需要管理吗？

A 养护简单也是多肉植物花园的魅力之一。多肉植物花园几乎可以放任多肉植物生长，偶尔检查其状态并进行适度照料就可以了，所以非常适合没有时间管理花园的人。而其他类型的花园，几乎每天都要进行摘叶、疏花等养护管理工作。

莲花掌属
‘黑法师’

欢迎来到多肉植物花园

你能找到打造多肉植物花园的场所吗？
只种植多肉植物，还是和其他植物一起种植？
采用盆栽、花环、壁挂盆栽等方式，
并用其装饰空间，打造出充满个性的小小世界。
形状、颜色和质感富有趣味的多肉植物，
拥有其独特的魅力。
如何将此魅力展现于花园中？
不需要局限于固定观念，
你可以自由发挥，
打造出充满创意的多肉植物花园！

莲花掌属
‘紫羊绒’

风车草属
‘姬胧月’

莲花掌属
‘旭日’

Contents 目录

Part 1 多肉植物小小花园经典案例

Part 2 有关多肉植物的二三事

Part 3
一起来打造多肉植物花园

Part 4
展现多肉植物特色的园艺技巧

Part 5
适合庭院栽培的多肉植物[图鉴]

Part 1

多肉植物小小花园经典案例

CASE1

日本埼玉县

堀内家

花草和多肉植物搭配而成的自然风花园

利用某些多肉植物容易繁殖的特性，享受种植的乐趣

堀内利用宿根植物，享受着打造自然风庭院的乐趣。并使庭院种植的多肉植物和其他花草自然地融为一体。

『多肉植物的有些品种很容易繁殖，所以我用叶子不断扦插繁殖以增加数量，并且将其种植在各处。』堀内说。多肉植物适合搭配杂货，可以挑选充满个性的杂货，享受和杂货搭配的乐趣。

种植多肉植物的诀窍在于灵活运用屋檐下等比较不容易淋到雨的地方。如果不是狂风暴雨的话，屋檐下并不容易受到雨的影响。因此，可以种植较不耐高湿的品种，还要一定程度上能防止霜害。

『原本放在室外的「紫弦月」，有一次淋到雨后叶片就开始膨胀，有些叶片甚至会裂开，所以就紧急地将其放到了屋檐下。』

在屋檐下，种植了地被植物——长生草属及景天属多肉植物。另外还制作了可兼用空调室外机外罩的置物架，用来展示杂货和盆栽。曾经有个夏天「条纹十二卷」枯萎过，好在其他品种都很健康。枯萎的品种因不适应环境，所以只好放弃。那就享受健康生长的品种带来的乐趣吧！

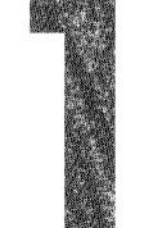

将扦插繁殖后的幼苗制作成组合盆栽，装饰于阳台扶手或玄关的柱子上等不易淋到雨的地方，可以为空间增添一道风景。上图的盆栽是由‘姬星美人’与能开出美丽花朵的长生草属多肉植物组合而成。

Point 1 灵活利用屋檐下的空间

屋檐下不易淋到雨，也不易受到霜害，
适合栽培多肉植物。
既可以盆栽，也可以直接种植于庭院。如果
将其放在置物架上，还能打造出立体感。

将各种多肉植物的小盆栽放入铁篮中。只要下一点点功夫便能立刻改变氛围，而且搬运更加便利。左起依次为‘若绿’‘假海葱’‘花月夜’。

上：用青锁龙属‘舞乙女’‘神刀’等组合成盆栽，并放置于屋檐下，避免其直接淋到雨。
下：将景天属及龙舌兰属多肉植物种植在置物架下方，打造出自然花园的气息。
左：‘圆扇八宝’圆圆的叶子非常可爱。

置物架刻意不涂油漆，营造出朴实的自然风格。另外，多肉植物也很适合搭配杂货。

2 将空调室外机外罩当作展示用的置物架

DIY 制作兼用空调室外机外罩的置物架，
再架设展示用的小置物架，
打造出玩赏多肉植物的杂货空间。
屋檐下方不容易淋到雨水，
因此，是非常适合栽种多肉植物的空间之一。

上：色彩鲜艳的木制小物，为整体空间增添特色。
右：将多肉植物的盆栽放入铁笼中，再搭配可爱小物。

Point

3 搭配杂货装饰

利用废弃小物、旧装饰物和空罐等与多肉植物搭配，
同时，自己动手给花盆涂上油漆。
思考如何搭配摆放，也是充满乐趣的时光。

上：小巧可爱的组合盆栽，非常适合搭配铁质的杂货。
中：自己给花盆涂油漆，使其充满个性。迷你的铁制装饰品非常有特色。
右：在喜欢的铁罐中栽种景天属多肉植物。

左：具有厚重感的石钵和多肉植物的质感很搭。
下：利用复古风的料理工具作盆器。

借用梯子打造出立体空间

使用旧梯子代替置物架，
放置在玄关前的屋檐下，
打造出立体空间。
这样，在狭小的空间中，
可以增加更多摆放盆栽的位置。

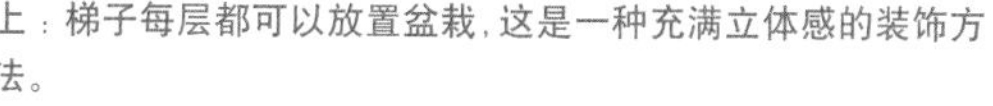

上：梯子每层都可以放置盆栽，这是一种充满立体感的装饰方法。
右：利用扦插小苗打造出组合盆栽。莲花掌属‘黑法师’色泽黑亮，为组合盆栽带来利落感。

小小的多肉植物 扦插后便能玩赏

在屋主堀内的庭院中，到处放置着迷你可爱的多肉植物，仿佛走进了小人国，充满了迷人可爱的气息。扦插后的幼苗，也可以搭配杂货装饰。

在小巧的容器中逐渐长大的‘蛛丝卷绢’。

用‘绿之铃’‘爱星’等组合成小盆栽。

在‘卷绢’旁边搭配一些‘姬星美人’。

之处呢！超乎想象的延伸方式或是突然开出美丽的花朵等，都让人感到惊艳。』角野说。

角野同时也经营着古董和珠宝店，所以盆器的挑选和陈列方式都极富品味。屋顶也用一些树木和宿根植物与多肉植物进行搭配。其中有一些多肉植物因无法度过寒冬而枯死，存活下来的品种健康茁壮。另外，冬天一些多肉植物叶子会转红，非常值得期待。

有时候角野也会将多肉植物繁殖后，移植到时尚的盆器内当作礼物送人，『有些人看起来比收到蛋糕还开心呢！』角野说。

CASE2

日本东京都

角野家

将露台和屋顶打造成花园

用莲花掌属‘黑法师’等多肉植物搭配灌木，装点露台。

左：‘艳姿法师’的下方种植了‘红缘莲花掌’。上方的吊盆是厚敦菊属‘紫弦月’和景天属‘虹之玉’。
下：拥有奇妙外形的大戟属‘绿珊瑚缀化’。

Point 1 借用简约的盆器 强调植物的姿态

使用简约的盆器，
来强调多肉植物有趣的姿态。
再搭配蕨类植物等，
营造出一种原始氛围。
整齐划一的盆器，呈现出利落感。

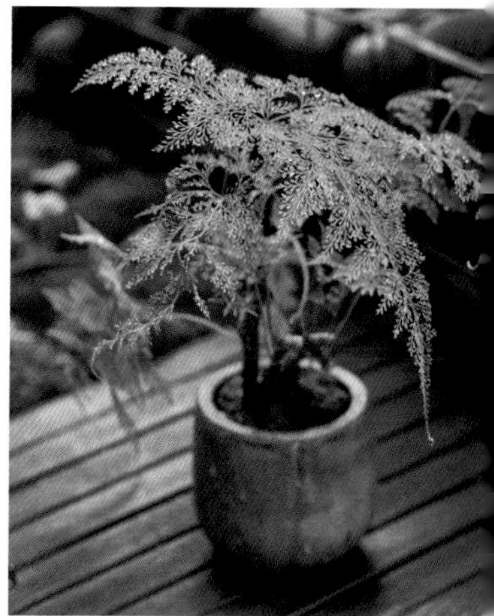

右：蕨类植物和多肉植物搭配营造出一种原始氛围。
下：十二卷属‘姬玉露’的叶片晶莹剔透。

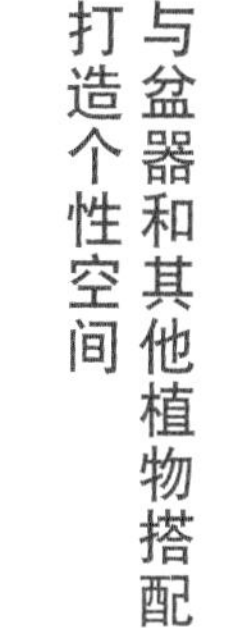

与盆器和其他植物搭配 打造个性空间

走进角野家二楼客厅的阳台，首先映入眼帘的是极具存在感的莲花掌属多肉植物。任由「黑法师」及「艳姿法师」的枝条自由生长。家中的窗边也有专门为多肉植物打造的空间。角野照料这些植物三年了。

『多肉植物的魅力是其有趣的形状和质感。所以我看到喜欢的就会买回家。』角野说。而且角野每年数次走访轻井泽的多肉植物专卖店，选购多肉植物。

『生长缓慢也是多肉植物的魅力

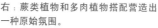

Point

2 在明亮的窗户旁边打造摆放多肉植物的空间

窗户旁边设置了多肉植物的摆放空间。
这里阳光充足，而且只要开窗就能保持通风，
不耐低温的品种也能在这里健康生长。
装饰方法构思巧妙，为客厅增添了亮点。

下：将向上生长的莲花掌属多肉植物放在最上层。
右：用来种植仙人掌的容器是珠宝盒。小小的仙人掌看上去就像小矮人在跳舞。

右：带有透明感的十二卷属‘圆头玉露’（左边置物架的上层）、拥有白色细茸毛的‘玉麟凤’‘白星’（右边置物架下层）等沐浴在阳光下的模样非常美丽。

Point

3 与树木和宿根植物搭配非常协调

在充满自然气息的屋顶花园中，
栽种了一棵主景树，
树的周围栽种了宿根植物和多肉植物。
这些体积较大的多肉植物很有存在感。

上：树木周围除了玉簪、圣诞玫瑰、莎草、山桃草等宿根植物外，还种植了拟石莲花属多肉植物‘高砂之翁’‘霜之鹤’‘大瑞蝶’等。

上：外形别具一格的莲花掌属‘紫羊绒’。
中：叶缘美丽的莲花掌属‘艳日辉’。
下：用充满个性的六角形容器打造出一个多肉组合盆栽。

在细长的盆器内种植了约20种多肉植物，看着他们日渐茁壮也是非常有趣的一件事。

享受制作组合盆栽

将各种多肉植物制作成组合盆栽，
有些品种长得很茂盛，也有些品种会遭到淘汰。
像这样任其自由生长，也是种植多肉植物的乐趣所在。
它们的造型会逐渐改变，就像拥有生命力的艺术品。

创意点子

借助简约的盆器营造出知性的成熟风

搭配不同的盆器能营造出不同的风格，这也是种植多肉植物的有趣之处。使用简约的盆器，能强调多肉植物的质感和形状，营造出知性的成熟风。将相同的盆器并排摆放还能呈现出韵律感，打造出别样的艺术风格。

上：生锈的铁罐也别有一番风味。
左上：将‘黄毛掌’和‘白毛掌’交叉种植，享受其抽出新芽的乐趣。
左下：将各种多肉植物种植在同样的盆器中，且并排置于窗边。

CASE3

日本神奈川县

奥山家

打造微型花园

多肉植物非常适合用来打造微型花园

十五年前屋主奥山将多肉植物运用于微景观（Diorama），利用多肉植物的独特外形，创造出奇幻的袖珍世界。微景观中的『栽培空间』，也都是手工打造的。为了保证土壤排水良好，下方三分之一的基质是用鹿沼土和赤玉土混合而成，其他部分填铺轻石。

『增加轻石的比例，即使下大雨土壤也不容易积水，多肉植物的生长状态也较好。我家的多肉都是放在室外过冬的。』

据奥山说，制作微景观的重点在于石头。平时就会收集自己喜爱的石头，再根据想要打造的微景观搭配多肉植物。就算没有土壤也能培育，所以可以将漂流木钻洞，扦插小苗，再用水苔填铺固定。

为了保持美丽的外形，多肉植物的修剪等养护工作也很重要。如剪去徒长的枝条以避免外形凌乱，以及用镊子夹除枯萎的叶子等。

『多肉植物形状和颜色都充满了魅力，冬天也不会凋谢，一整年都能欣赏。』奥山说。

上：摆放迷你人物模型等作装饰。
下：并排种植的长生草属‘红勋花’，呈现出犹如南半球干旱地带的风景。

在漂流木上钻孔，插入拟石莲花属‘白牡丹’和景天属‘乙女心’等小苗。

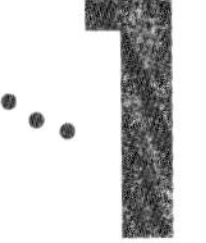

Point 1 用楼梯打造迷你世界

充分发挥多肉植物的特点，
将连接大门的楼梯打造成立体的微景观，
令人不禁想踏入这个小小的世界一探究竟。

上、左：令人意想不到的是，
竟然有迷你人物模型。

CASE 3

运用多肉植物的各种形状打造出一道风景。
贝壳的运用也很特别。

利用DIY栽培空间 打造成易于欣赏的高度

玄关旁的栽培空间，
总是吸引访客驻足欣赏。
在架高的花坛边缘种植‘新玉缀’等
垂吊类的品种，增添立体感。
而且，用砖块搭建的花坛围墙也成为瞩目的焦点。

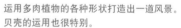

上：仔细观察便会发现到处都是屋主的巧妙构思。
左：贝壳里种了长生草属‘约瑟夫夫人’和‘丑角’，母株上逐渐长出的子株也非常可爱。

青锁龙属‘方塔’

青锁龙属‘数珠星’（烤肉串）

景天属‘新玉缀’

十二卷属‘九轮塔’

左：在小小的浮雕门洞处种植龙舌兰属‘仁王冠’、拟石莲花属‘七福神’、景天属‘乙女心’等，展现出浓郁的异国情调。

Point 3 即使是小空间也要灵活利用

即使土壤少，多肉植物也能健康生长，
所以就算再小的空间，
也能创造出小巧可爱的世界。

上：靠近一看，仿佛走进了不可思议的王国。
左：在火山岩的凹处栽种芦荟属‘翡翠殿’和景天属‘乙女心’。秋天能欣赏转红的叶子。

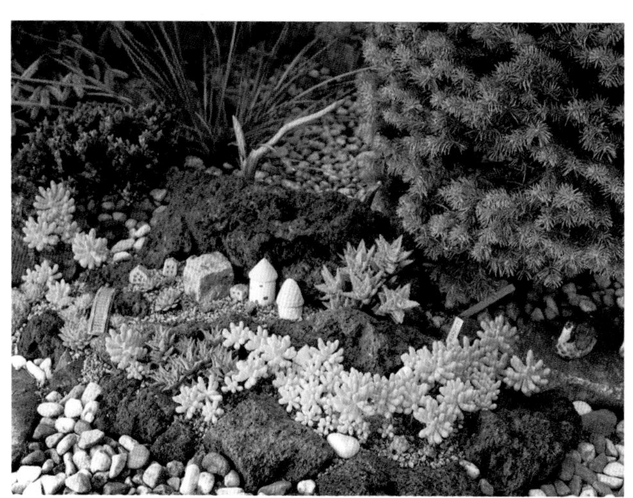

创意点子

打造有特色的微型花园

微型花园不可或缺的就是房子、人等迷你模型。屋主奥山除了手工制作外，也会使用进口的微景观专用模型。

迷你房屋、踏脚石是微缩景观专用模型。

屋主奥山用竹签自制的桥。迷你人物模型为市面上常见的产品。

CASE4

日本东京都

米山家

小角落的景观打造

上：在木板上打一个洞，种植景天属‘高加索景天’‘虹之玉’等。
右：将裂开的旧砖块当成盆器使用。在里面种植‘筒叶菊’‘火祭’‘蝴蝶之舞’等。砖块后面的盆栽是‘女王花笠’。

Point 1

利用屋檐下DIY打造多肉植物角落

屋檐下通风良好，而且又能防雨淋和霜害，
是非常适合培育多肉植物的环境。
活用盆器及杂货，营造出小巧的展示空间。

左上：用‘紫弦月’和铁丝打造的迷你吊饰。
右上：‘月兔耳’‘绿之铃’的质感和形状呈现出有趣的对比。

下：欣赏质感粗糙的盆器颜色的变化。
左下：将裂开的凹洞砖块和铁网组合成盆器使用。

DIY将小空间大变身

米山夫妇两人都很享受打造庭院的乐趣。太太雅子从事园艺设计和花卉养护管理工作，她的庭院设计也充满了各式各样的创意。

为了尽量将多肉植物种植于室外，他们将屋檐下的空间DIY，变成多肉植物的专属角落。另外还将背板打洞制作出一扇窗，以促进通风。

雅子说：『多肉植物兼具率性和可爱，会因摆设方式而变化，这也是多肉植物的魅力所在。只要换一种容器，整个氛围就会截然不同。』

米山家摆放了各式各样的盆器，同时，也会将破裂或是开洞的废弃砖块等当作盆器利用。

面向房屋的停车场旁有一处空地，他们利用石材打造成岩石风的小花园。栽种了多肉植物和彩叶植物，营造出利落感。『巨型龙舌兰属「笹之雪」极具存在感。因其难以在室外过冬，所以连同盆器一起埋入地里，到了冬天再移到室内。』雅子说。这是带有一些异域风情，同时兼具个性的小花园。

CASE4

Point

2 岩石风小花园

将停车场一隅打造成岩石风小花园。
在加高的栽培空间里放入轻石，以确保排水良好，同时还能营造出岩石风。
无法度过寒冬的品种则需连同盆器埋入地面，到了冬天再将其移入室内。

在花园内栽种龙舌兰属'笹之雪'。由于冬天需移动到室内管理，因此，要连同盆器一起埋入地里。

创意点子

轻松打造出岩石风空间

将石材沿着边缘排列，从高到低堆叠，再放入植物用的培养土，打造出栽培空间。栽培空间地势从高到低，有助于排水，于背景处架设园篱，背后房屋建材就不显得那么突兀了，营造出岩石风。

这个小空间由于土质不佳，所以无法直接栽种植物。

先架设背景园篱用的小支柱，再堆叠石材，最后，在石头之间填铺培养土。

上：为了凸显景天属'白霜'等的有趣形态，也会更换各种表层装饰基质。
左：将朴素的木架涂上颜色，就能呈现出复古的时尚氛围。

上：将旧水管零件当作盆器，里面栽种了青锁龙属'星乙女'等。
下：不同形状的植物和不同质感的盆器搭配，能带来各种创意，如图中盆器里种植了形状独特的虎尾兰属'对叶虎尾兰'等。

Point

3 将多肉盆栽并排置于花架上，享受展示的乐趣

将花架置于屋檐下，摆放自己喜爱的多肉盆栽。
屋檐下日照充足且不易淋雨，非常适合种植多肉植物。
虎尾兰属多肉植物较不耐寒，到了冬天需要移至室内。

右：在如鸟笼般的复古装饰品中，放入可爱的组合盆栽。
左：将保丽龙（一种泡沫塑料）削成喜爱的形状并涂上颜料，便可成为壁挂式盆器。

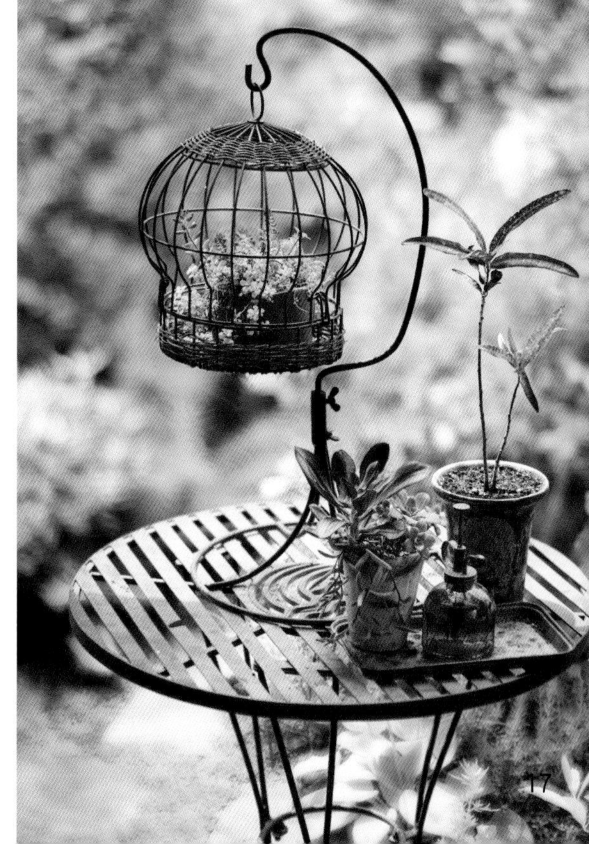

Point

4 利用小巧的组合盆栽营造出一道美景

多肉植物部分品种自己会繁殖出小苗，
因此，可利用繁殖的小苗，制作小巧的组合盆栽。
要培育什么品种，该怎么组合？
只要稍加设计，就算一个小小的盆栽也能为空间增添特色。

CASE5
日本神奈川县
市川家

活用车库和园篱打造立体空间

种，同时，以垂吊的形式为主打造立体空间，享受多肉植物的飘逸之美。

『多肉植物非常可爱，而且就算没有土壤也能生长。栽培1～2年之后，外形逐渐自成一格，也是其魅力所在呢！』市川太太说。制作组合盆栽或吊篮时，注意不要将夏型和冬型品种混在一起，其他不需要考虑太多，你可以不断尝试各种组合。

不论看到什么，脑海中都会冒出用其种多肉植物的点子，比如使用附近海边捡来的漂流木，或是将坏掉的家具涂上颜色来栽培多肉。『多肉植物耐旱又易栽培，所以充满了无限可能。』市川太太说。

挑选适合环境的品种任其自由生长

市川夫妇两人都非常享受种植多肉植物的乐趣。『我们家其实没有栽培多肉植物的良好条件。』市川太太说。

由于庭院非常小，所以将原来的车库和道路两旁，当作多肉植物的栽培空间。由于道路两旁的空地朝北，虽然不用担心多肉植物晒伤，但是也有一些品种会因为日照不足而徒长或不耐严寒，放弃因为环境不适合而枯死的品种，不断尝试挑选合适的品

右：由各种适合搭配蓝色的品种组合而成。
下：盛水的容器内，种植了‘姬吹上’和‘圆扇八宝’。

Point

1 让杂货的颜色呈现出一致性

用油漆将椅子、木制篮子等，统一涂成淡蓝色。
采用叶片蓝色系的多肉植物与之搭配，
色调会非常协调，不会产生突兀感。

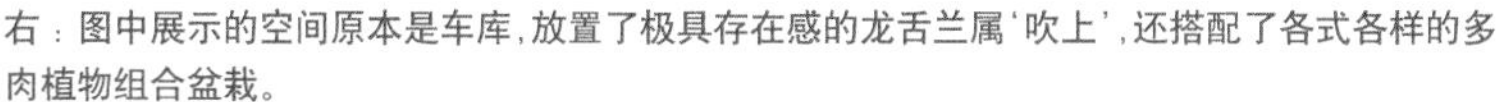

右：图中展示的空间原本是车库，放置了极具存在感的龙舌兰属‘吹上’，还搭配了各式各样的多肉植物组合盆栽。
下：墙面装饰利用了漂流木等废弃材料，种植犹如莲花般的拟石莲花属多肉植物和‘圆扇八宝’等垂吊品种，制作出吊挂型组合盆栽，打造出风格独特的空间。

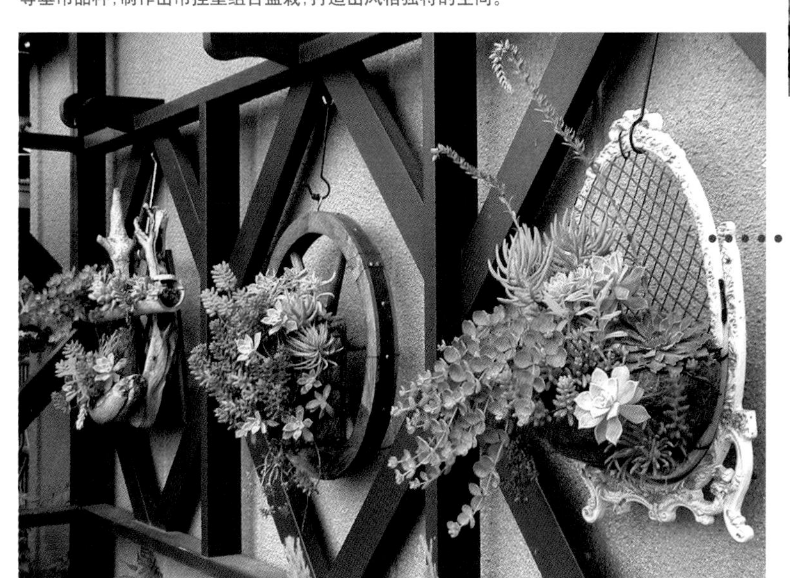

Point

2 利用道路一旁的墙壁

不使用市售的壁挂盆，
而是采用自己的创意，
DIY 制作木框，打造出充满个性的空间。

左：将海边捡到的漂流木冲洗除去盐分后，组合成喜欢的形状使用，栽种‘极光’和‘春萌’等。

左上：‘贝叶伽蓝菜’和‘新玉缀’已经任其生长好几年了，可以欣赏其枝条生长的自然之美。

右上：在充满自然风情的木板上挖洞，再利用水苔栽种‘火祭’‘星美人’‘胧月’。

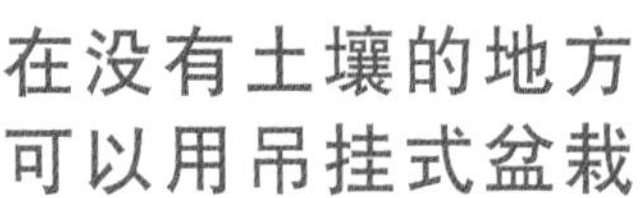

Point 3

在没有土壤的地方可以用吊挂式盆栽

虽然庭院非常狭小，
不过却能借助各种吊挂式盆栽，打造出立体空间。
充满个性的吊挂式盆器，
为多肉植物种植带来无限可能。

上：在庭院树木下方放置木架并种植‘秋丽’，可避免直接淋雨。放任其生长多年仍然健康茁壮，自由生长的模样非常潇洒。

左：在园篱旁，放置了多肉植物的画框，看起来非常美观。

左上：将儿童玩具涂上油漆，当作栽培容器。
左下：将木板制作成窗户模型，并嵌入镜子，在里面种植马齿苋属'雅乐之舞'及十二卷属'条纹十二卷'等。
下：将屋主太太年轻时所使用的梳妆台，拆下一部分作壁挂盆的背景，种植'贝叶伽蓝菜''胧月'等。

Point 4

将DIY小物和多肉植物搭配组合

将多肉植物和各式杂货搭配组合，
也是乐趣之一。
旧家具或坏掉的家具等，
可通过各种创意设计，
将其变身为多肉植物的栽培空间。
当你制作出满意的作品时，喜悦是无法言喻的。
同时，还能享受手作和栽培的乐趣。

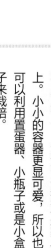

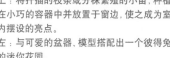

创意点子

将小苗制作成迷你组合盆栽

将剪下来的枝条或分株繁殖的小苗，制作成迷你组合盆栽，放在厨房窗台、洗漱台角落或是家具上。小小的容器更显可爱，所以也可以利用置蛋器、小瓶子或是小盒子来栽培。

上：将扦插的枝条或分株繁殖的小苗，种植在小巧的容器中并放置于窗边，使之成为室内摆设的亮点。
左：与可爱的盆器、模型搭配出一个彼得兔的迷你花园。

CASE6

日本东京都

若松家

利用壁挂盆栽和组合盆栽添色增彩

右：带有黑色把手的盆器和圆润的多肉植物非常搭配。
下：将废弃的容器穿上铁丝，立刻就变成了吊挂式盆栽。

右下：在鞋子造型的容器内种植青锁龙属‘圆头玉露’、拟石莲花属‘雪锦星’及‘古紫’。
左下：铁桶里种植了‘串钱藤’。

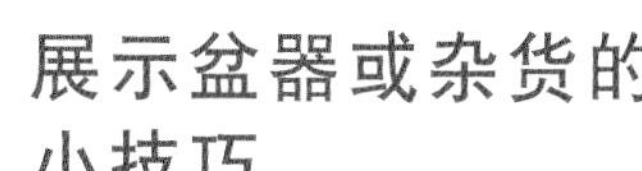

Point 1 展示盆器或杂货的小技巧

将形状及颜色丰富的各种多肉植物种植在充满个性的盆器中，为阳台增添特色。将大小各异的盆栽与杂货搭配，将狭窄的空间营造出丰富多彩的景观。

活用立体空间，小巧的空间也能充满变化

若松则子在庭院和阳台都种满了多肉植物，她是一位资深的组合盆栽和壁挂盆栽讲师。

『不论是阳台还是庭院，只要放置一个具有存在感的组合盆栽或花环，就能给景观带来变化，虽然多肉植物的组合盆栽和花环，不及用鲜花制作的华丽，但随着时间流逝，却能百看不厌。』若松则子说。根据组合方式，就算只有多肉植物也能呈现出华丽或缤纷感。诀窍在于挑选品种时，要考虑颜色和质感的协调。比如选择种植同色系的品种时，就可以试着加入叶色较深或较浅的品种当作点缀。

由于阳台较小，可以利用立体的方式展示盆栽，从而有效利用空间。用大小不同的盆器营造出律动感，再与杂货组合搭配起来，打造出独特的绿色空间。由于庭院紧邻隔壁住宅，所以设置了遮挡用的木板。在木架上设置内凹处，可避免植株直接淋雨，变成适合培育多肉植物的场所。

CASE6

左：复古风的椅子不但能为空间增添特色，也非常适合放置组合盆栽或花环。

上：纤细的椅子和多肉植物非常搭配。
右：褐色系多肉植物组合盆栽，其中毛茸茸的'月兔耳'成为亮点。

Point

2

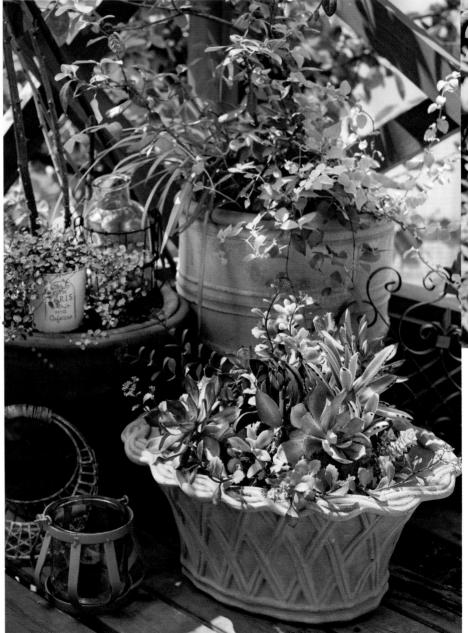

利用极具存在感的组合盆栽打造空间的焦点

只要放一盆
极具存在感的组合盆栽，
就能瞬间改变阳台的氛围。
打造空间中的焦点时，
建议也选择具有
存在感的盆器。

左：华丽的花环是空间的主角。
下：门柱上也随意放了一些盆栽，紫色和鲜绿色的叶片，搭配粉红色的秋海棠非常好看。

Point 3

利用多肉植物为庭院增添特色

拥有不同叶色和质感的多肉植物，通过装饰设计可以为庭院增添特色。将具有存在感的花环放在焦点处，或是在小小的场所放置一些盆栽，都可以为庭院带来变化。

创意点子

将红茶罐当作盆器

多肉植物在底部无洞的容器内也能生长，几乎任何物品都能用来栽培多肉植物。比如装红茶的铁罐，将植物栽种其中便能呈现出时尚感。另外，像茶壶或铁桶，都能当作盆器使用。

上：铁桶内种植了‘丝苇’，茶壶内种植的是草胡椒属‘圆叶椒草’。
左：左侧的盆栽是景天属‘丸叶万年草’，右侧是青锁龙属‘若绿’。

CASE7

日本东京都

林部家

利用长条形花盆打造迷你花园

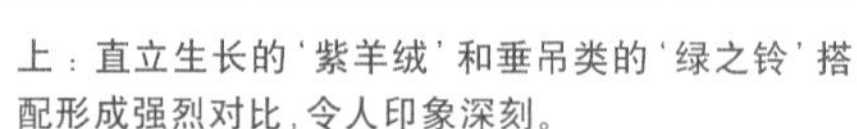

上：直立生长的‘紫羊绒’和垂吊类的‘绿之铃’搭配形成强烈对比，令人印象深刻。

左：将住宅周围仅有的小小空间，用长条形花盆和直立型盆架打造出立体感。

打造多肉花园就像用各种多肉植物在画布上挥洒作画一样

放置在住宅周围的长形花盆，种植了色彩丰富的多肉植物。美丽的景色令经过的行人不禁驻足欣赏。每个花盆就像是一座小花园，光是多肉植物就能呈现出如此丰富的景观，令人赞叹。

屋主林部原本对多肉植物没什么兴趣，但如今已经完全是个多肉迷了。『多肉植物几乎不太需要费心管理，就算放任其生长也能长得很好，而且冬天也很美。多肉植物逐渐生长变形的样貌也非常有趣。』林部说。

不同的多肉植物颜色和质感差异很大

将质感、颜色和形状各异的多肉种在一起，竟然能打造出如此多彩多姿的世界，释放出多肉植物的全新魅力。

①景天属「粉雪」
②景天属「劳尔」

①风车草属「胧月」
②拟石莲花属「尘埃玫瑰」

①风车草景天杂交属「秋丽」
②拟石莲花属「特玉莲」
③千里光属「绿之铃」

①长生草属「阿尔法」
②拟石莲花属「妮可莎娜」

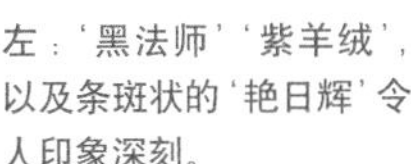

右：兔子形状的剪影非常可爱。拟石莲花属和金黄色的景天属多肉植物，呈现出鲜明的对比，非常好看。

左：'黑法师''紫羊绒'，以及条斑状的'艳日辉'令人印象深刻。

下：紫色、黄色、蓝色的多肉作为点缀种植在绿色的多肉之中。

CASE8

日本东京都

大石家

利用间隙和狭长空间

右：数种景天属多肉植物充满活力地延展。

右下：‘龙血锦’和‘佛甲草’混植。

左下：‘黄金高加索景天’。

上：不喜爱潮湿环境的澳洲植物非常适合搭配多肉植物，所以小小的空间也能生长茂盛。

右：活用脚踏石之间的空隙，前方为风车草属‘初恋’和叶呈现锯齿状的伽蓝菜属‘窄叶不死鸟’。

与澳洲植物搭配非常协调

停车场和房屋入口通道处，在宽度仅40厘米的狭长空间里种植了各种植物。将澳洲产的宿根草本植物、灌木和多肉植物混植，打造出可欣赏各种不同植物的自然风花园。澳洲植物和多肉植物都很耐旱，而且不喜爱潮湿的环境。由于生长环境相似，因此，适合种植在一起。

在脚踏石之间的狭缝里铺上碎石，栽种景天属等生命力较强的多肉植物。由于日照充足、排水良好，植物都充满了活力。

Part 2
有关多肉植物的二三事

拟石莲花属‘高砂之翁’

景天属‘春萌’和‘龙血景天’

拟石莲花属‘姬莲’和‘女雏’

话虽如此，多肉植物并非物品，而是活生生的植物。如果忘了这点，再怎么强健的品种也会无法健康生长。最近有许多人将多肉植物当作室内装饰品来销售，因此，其中也有很多将其养死的案例。

为了能栽培出健康的多肉植物，最重要的就是了解其原产地生境和品种特性，并给予适当的照料。虽然并不需要费心照料，但仍要掌握其基本栽培要点，才能随时欣赏其美丽的容颜。

莲花掌属‘紫羊绒’

景天属‘乙女心’

伽蓝菜属‘月兔耳’

莲花掌属‘香炉盘’

莲花掌属‘冰绒’

拟石莲花属‘玉碟’

多肉是什么样的植物

为了储存水分而呈现肥厚的形态

说到多肉植物，想必许多人都会先联想到它肥嘟嘟的样子。近年来，这种独特的外形使得多肉植物人气居高不下，栽培的人也越来越多。

植物没有水便无法存活。因此，在降水量少的干旱地区，植物便逐渐进化成能够有效利用少量水分的形态，以继续存活。多肉植物也属于这类植物。

多肉植物是根、茎、叶等部位增厚，能自行储存水分的植物总称。许多品种的表面包裹着一层角质层外膜，以防止水分蒸发。其中还有一些品种借由蜡质，可以避免叶面受到日灼，或是借由细致的茸毛有效吸收雾气中的水分。

气孔较少也是多肉植物的特征之一，这也是一种为了防止水分蒸发的构造。有些品种几乎没有叶子或是有极小的叶子等，都是多肉植物为了尽可能防止水分蒸发所进化成的形态。

强健易栽培，还能享受繁殖的乐趣

栽培多肉植物的乐趣之一，就是逐渐繁殖增加数量。大多数多肉品种都非常容易繁殖，当然也有些品种较难繁殖。

我们可以享受多肉植物的多种赏玩方式，如将繁殖的幼苗制作成组合盆栽，或栽种于小巧的盆器中当作赠礼。还可以和喜爱多肉植物的朋友交换品种来拓展多肉植物赏玩的可能性，也是其乐趣所在。

养护轻松，管理简单

由于多肉植物会自行储存水分，所以不需要频繁地浇水。另外，像欣赏花朵的植物，需要经常进行花枝修剪等日常管理工作，而以欣赏茎叶为主的多肉植物，就能免去这些烦琐的工作。所以，忙碌的人也能轻松栽培。

大多数品种即使到了冬天，地上部分也不会枯萎，一整年都能欣赏到美丽的景色。其中还有些是气温下降便会使叶片转红的品种，颜色的变化也是其魅力之处。也许这些就是多肉植物拥有超人气的原因吧！

风车草属‘华丽风车’
芦荟属‘极乐锦’
银波木属‘银波锦’
十二卷属‘条纹十二卷’
莲花掌属‘艳日辉’
芦荟属‘千代田锦’
黄菀属‘剑叶菊’
风车草属‘胧月’
景天属‘圆扇八宝’
风车草属‘姬胧月’
厚叶景天拟石莲杂交属‘紫丽殿’

多肉植物的故乡

多肉植物来自干旱地区。但是这些地区又可分为一整年只下极少量雨的地区、具有旱季及雨季的地区，以及虽然不下雨却常起雾的地区等。多肉植物为适应当地环境而进化成不同形态。

原产于南非的生石花，就是拟态成石头，以防止动物的掠食。绿色品种为‘德氏金铃’，红色品种为‘胡桃玉’。

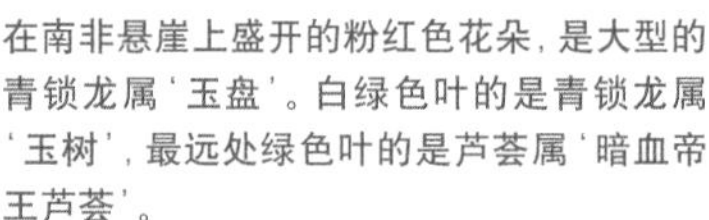

在南非悬崖上盛开的粉红色花朵，是大型的青锁龙属‘玉盘’。白绿色叶的是青锁龙属‘玉树’，最远处绿色叶的是芦荟属‘暗血帝王芦荟’。

莲花掌属

长生草属

拟石莲花属

龙舌兰属

厚叶草属

欧亚大陆

生长于温带的景天属等多肉植物，适合在日本露地栽培。

非洲

非洲生长着各式各样的多肉植物，如大戟属、芦荟属、青锁龙属等。尤其是从纳米比亚到南非、马达加斯加岛这一带，拥有丰富的特有品种。

瓦松属

仙人掌

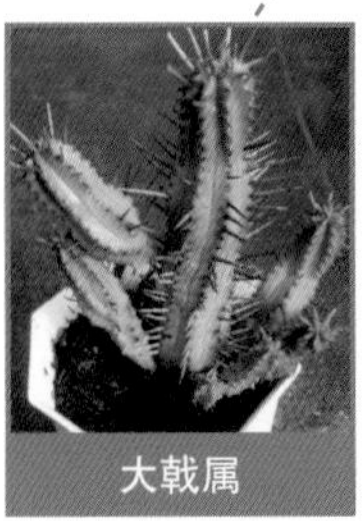

大戟属

十二卷属

芦荟属

美洲

龙舌兰属以及外形犹如花朵的拟石莲花属等各式多肉植物，原生于北美洲南部和南美洲。

还有这种奇特外形的多肉植物

拥有不可思议的形状和奇特外形，也是多肉植物的魅力之一。一起来观赏各种不同形状的多肉植物吧！

细长的叶子

龙舌兰属多肉植物中，也有像这样拥有细长叶子的品种。照片为龙舌兰属‘姬吹上’。

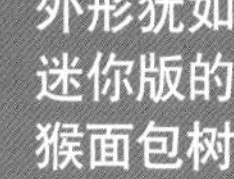

外形犹如迷你版的猴面包树

茎部膨大型的多肉植物，外形很像在《小王子》中出现的猴面包树，这是天宝花属‘沙漠玫瑰’。

如此奇怪的形状！

大戟属‘绿珊瑚缀化’如同海洋生物般奇特。由于生长点分布于各处，所以呈现出如此奇怪的外形。

不可思议的透明植物

原生于非洲南部的小型多肉植物十二卷属，像宝石般晶莹剔透，极受欢迎。

是在模仿石头吗？

上面的照片是有活宝石之称的生石花属‘寿丽玉’。有研究说是为了避免被动物食用，才会拟态成石头。

仙人掌与其他多肉植物的区别

仙人掌也属于多肉植物，是能够在肉质的茎部储存水分的植物。其原生环境主要也是干旱地区。两者最大的区别在于大多数仙人掌都有刺，不过也有几乎不带刺的品种。此外，多肉植物的大戟属、龙舌兰属和芦荟属当中也有带刺的种类。但是仙人掌的刺在基部都有「刺座」，是一种高度变态的短缩枝，看上去为一种垫状结构，而其他多肉植物的刺并没有这种结构。这也是判断其区别的关键。

多肉植物可以分成3种类型

根据生长时期分成3种类型 每种类型的特征

多肉植物根据生长时期大致可以分为夏型、冬型、春秋型这3种类型。夏型是在气温较高的春至夏季生长，冬季休眠的类型。冬型是在冬季旺盛生长，夏季休眠的类型。春秋型则是在春秋两季生长，冬、夏季生长较缓慢的类型。

夏型有厚叶草属和风车草属，以及部分青锁龙属等，容易栽培的品种居多，所以推荐新手种植。虽然大多数喜欢气温较高的环境，但是其中也有不耐高温多湿的品种。

冬型多原生于冬天雨量较多的地中海沿岸、欧洲山地或从南非至纳米比亚的高原等比较冷凉的地区，因此，不太适应日本高温多湿的夏季。其中也不乏像是具有透明叶窗的十二卷属、像石头般的肉锥属，或从看似枯萎的植物中长出新芽的奇峰锦属。

春秋型的栽培方式较接近夏型。但容易因夏季的高温而受伤，所以在夏天应进行遮阳处理，同时应减少水分使其休眠。3种类型的多肉植物在休眠时，都不会从根部吸收水分，所以休眠期可尽量不浇水。

另外还有一些品种例外，可终年生长不休眠，如「胧月」、「姬胧月」等。

夏型

春至夏季生长，
冬季休眠的类型

栽培要点

春

这是夏型多肉植物逐渐开始生长的季节，也是适合换盆、扦插的季节。尽量在光照充足的场所栽培。如果是盆栽，应浇水至盆底流出水为止，待完全干燥后再浇水。从5月开始浇水最为安全。

夏

在梅雨季，不喜欢多湿的品种应移到屋檐下等位置。另外从梅雨季开始的整个夏季，应避免过于闷热，保持通风良好。种植在地面时，应于夏天来临前修剪其他植物，确保整体通风良好。盆栽则应保持浇水。

秋

秋季叶片会转红的品种，若在此季节照射到充足阳光，叶片便能转红。夏季茁壮生长的植株，可在此时分株或换盆。盆栽可开始慢慢减少浇水次数，到了11月大概2周浇一次水即可，进入12月就不需要再浇水了。

冬

夏型多肉植物在此季节生长停止，所以盆栽几乎不需要浇水。大概每个月浇水一次就已足够。要注意盆栽如果放在有暖气的室内，便会开始生长。庭院栽培时，有些品种需要除霜等防止霜害。

代表属

伽蓝菜属

厚叶草属

天宝花属

虎尾兰属

大戟属

棒槌树属

冬型

春、秋、冬季生长，且冬季生长旺盛，
夏季休眠的类型

栽培要点

若是盆栽，应充分浇水至盆底流出水为止，待完全干燥后再浇水。栽培于室内的盆栽应搬到室外。不过应尽量避免突然的阳光直射，可先在阴天搬出室外，使其慢慢习惯室外光线，再将其置于阳光下。

高温多湿容易造成多肉植物腐烂，因此，尽量将其栽培于通风良好、阴凉且不会被雨淋到的场所。盆栽应尽量不要浇水。不过莲花掌属和长生草属不耐过度干旱，因此，夏季可偶尔浇水。

冬型多肉植物最喜爱秋季的阳光。尽量使其照射到充足的阳光吧！盆栽可以开始浇水。同时这个季节也适合换盆、分株及扦插。此外，在这个时期给予液肥有利于植株在冬天生长良好。

耐寒性强的冬型多肉品种，能在庭院中度过寒冬。栽培于室内时，偶尔可以开个窗户，让植株吸收一下新鲜空气。浇水次数可减少，但要注意别太干燥。

代表属

长生草属

莲花掌属

生石花属

厚敦菊属

仙女杯属

白浪蟹属

春秋型

春、秋两季生长，
冬季与盛夏休眠的类型

栽培要点

大多数春秋型多肉植物都在此时开始生长，因此，要确保日照充足。盆栽应充分浇水从盆底流出水为止，待完全干燥后再浇水。此时也适合换盆、扦插及分株。

春秋型多肉植物有许多不耐高温的品种，所以夏季尽量不要让其受到阳光直射，应放置在较明亮的遮阳处（50%遮光），并保持通风良好。浇水次数也应减少。关键是栽培于不会淋到雨的场所。

当气温下降后春秋型多肉植物再次开始生长，所以可给予其充足阳光。尤其是秋天叶片会转红的品种，最重要的就是在10~11月照射阳光。此时也适合换盆、扦插及分株。盆栽可以随着天气转凉而逐渐减少浇水次数。

春秋型多肉植物生长逐渐停止，进入休眠。耐寒的品种一般种植在室外也没关系，不过担心的话就移到室内。但是若放在较暖和的场所并且浇水的话，容易使茎部徒长。庭院栽培时，应注意北风和霜害。

代表属

风车草属

拟石莲花属

天锦章属

青锁龙属

十二卷属

厚叶草属

多肉植物买回家后该怎么办

购买时应挑选品种名标识清楚的植株

如果在专卖店购买多肉植物，一般店员都愿意仔细讲解。若你有明确的想法，如想要栽培在哪里或如何栽培等，店员也会给出比较好的建议。要记得跟他确认栽培的难易程度以及注意事项等。

购买多肉植物时，如果是自己不熟悉的品种，应选择有品种标识的植株。若不清楚品种名，就算想了解其特性和栽培方式也无从下手。另外，买回家之后也不要把品种标识丢掉，可连同植株一起插在盆栽内，或和植株一起拍下照片记录。

若季节合适应立即将植株定植于自己喜爱的盆器或庭院内

若买来的多肉植物装在塑料盆中，可以试着移植到喜欢的盆器里。盆栽时，就算是底部没有洞的容器，只要放入硅酸盐白土（Milion A等）也能种植。

制作组合盆栽的诀窍是，尽量将冬型和冬型、夏型和夏型品种加以组合。如果同一盆栽中休眠期各异，就有可能影响其生长。另外炎夏及寒冬尽量避免换盆或定植。

让植株慢慢适应阳光

市售的植株大多是在温室栽培，如果突然让植株直射阳光，有可能会晒伤。买回家后应先放在遮阴处数天并观察状态，接着于阴天移到室外，使其慢慢适应阳光，待植株适应后就能给予充足光照。

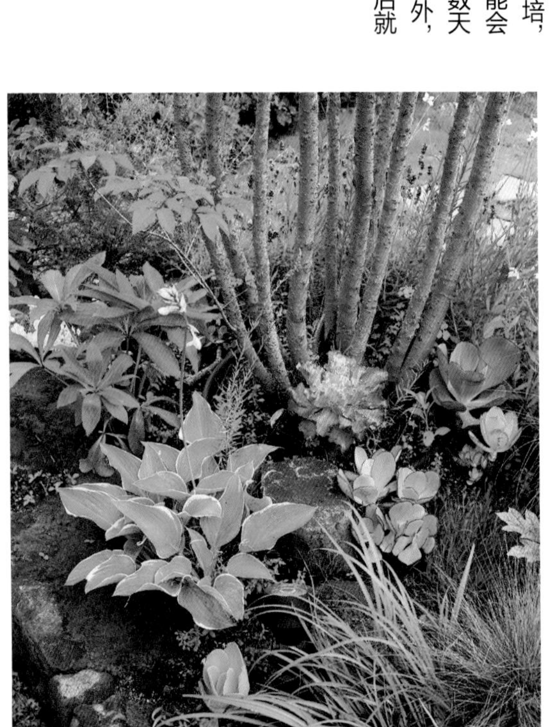

种植在地面

比较强健或耐寒的品种，
可以直接种在庭院，
享受庭院栽培的乐趣。

种植在喜爱的盆器中

因多肉植物用少许土壤也能栽培，
所以可以试着用各式各样的容器代替专用
盆器栽培，打造不同的风格。

多肉植物喜欢的环境

绝非室内，栽培于室外才是王道

一般而言多肉植物喜好日照充足和通风良好的环境，因此，最佳场所非室外莫属。不过炎夏的直射日光也有可能造成晒伤。此外，不耐梅雨季和高温多湿夏季的品种也不在少数。所以重点就在于要让植物安全度过梅雨季、夏季这段时间。最重要的是要栽培于通风良好、半日照、不会过于闷热的环境中。

另外，日本列岛南北向狭长，所以也有冬季气温极低、积雪较多的地区。这些地区植株必须移到室内防寒。

栽培于室内时，应放置在明亮的窗边

栽培于室内时，应放置在明亮的窗边等日照和通风良好的位置。不过夏天透过玻璃照进室内的阳光，有可能因局部温度过高而造成晒伤。另外将窗户紧闭外出时，可能会让室内过于闷热，使植物失去活力。接触外界空气对植物非常重要，偶尔打开窗户让植株呼吸新鲜空气吧！

露地栽培

一般而言，多肉植物不喜欢土壤水分过多。若土壤排水不良时，应在移植时，在移植穴中放入细石或轻石等促进排水。

良好的排水条件 尽量避免种植在下雨后积水的位置。打造栽培空间时建议使用排水性较好的基质。

日照充足的场所
大多数多肉植物应种植在半日照或日照充足的地方，少数品种除外。

盆 栽

通风和日照是多肉植物健康生长的必要条件。除了严冬之外，应尽量将盆栽放置于室外，这样才能培育出有活力的植株。室内栽培时，偶尔移到室外使其接触新鲜空气吧！

不易淋到雨的位置 有些品种无法适应日本的梅雨季，可将其放置在阳台或屋檐下等不易淋到雨的位置，这样便于管理。

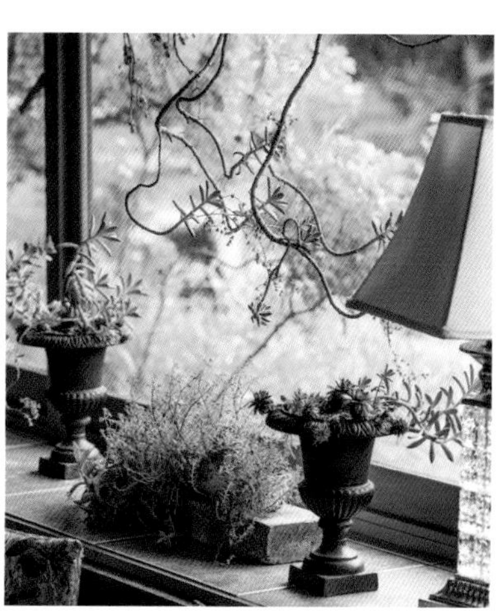

明亮的窗台边
栽培于室内时，建议放置在日照和通风良好的明亮窗边。

盆栽的培育方法

用土

基本上多肉植物都是来自干旱地区，因此，栽培时也偏好排水良好的基质。在一般养花培养土中，加入三成的赤玉土（小颗粒）或鹿沼土，就能调配出拥有适度保水力，而且排水和透气性优良的基质。虽然也有市售的多肉植物专用土，不过每家生产商所调配的比例都不同，因此，也无法一概而论。使用多肉植物专用土时，建议挑选值得信赖的生产商。

若是自己调配基质时，可以用赤玉土（小颗粒）、腐叶土、蛭石以1：1：1的比例调配，不过也可以混入一些河沙或稻壳灰等其他基质，还可用堆肥代替腐叶土使用。这样可调配出性质互补、透气性佳，适合栽培多肉植物的基质。

栽种时，应在盆底放入轻石等以促进排水。不过小型盆器也可以不放。最后还可以在用土表面，放上彩石或玻璃碎石等加以装饰。

盆器

多肉植物生长速度慢，养分消耗并不多，所以就算使用比一般植物少的土壤也能健康成长。因此，几乎可以用任何容器栽培，这同时也是种植多肉植物的乐趣所在。

盆栽时，底部有孔洞的容器最为理想，没有孔洞的容器也尽量在底部凿洞。不过就算是没有洞的容器，只要注意浇水也能栽培。这时候建议在底部放入有助于防止根部腐烂的硅酸盐白土（Milion A等）。

盆栽时，龙舌兰属、芦荟属等粗根型及拟石莲花属、景天属等细根型的多肉植物栽培方法稍有差异。粗根型的植株尽量不要剪到根系，将枯萎的根系去除即可。而细根型的如果植株较大，可从前端减去1/3～1/2的根系以促进发根。不过较小的植株则建议直接栽种。两种类型都应避免于炎夏或寒冬时换盆及定植。

基本用土

基本比例是赤玉土：腐叶土：蛭石=1：1：1。

也可以根据情况加入少许稻壳灰或河沙。

赤玉土

拥有极佳的透气性。市售有小、中、大颗粒，建议使用小颗粒。

腐叶土

（也可以用堆肥）

用落叶在土壤中发酵而成的有机质土。具有提升保水和保肥性的作用。

蛭石

将矿物以高温加热而成的基质，非常轻且保水性、透气性极佳。扦插时可单独使用此基质。

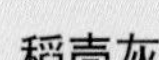

稻壳灰

稻壳焚烧至碳化的基质。能增加基质的透气性和保水性，同时也能够防止根部腐烂。另外，还有中和酸性土壤的作用。

河沙

能够提高透气性的改良基质。也可以当作仙人掌的栽培用土。

基本种植方法

粗根型和细根型多肉植物的定植及换盆方法稍有差异

粗根型

芦荟属、十二卷属及龙舌兰属等根系较粗的多肉植物

重点在这里　不要强行摘除枯叶，用剪刀纵切后即可轻松摘除

种植顺序

1 将龙舌兰从塑料盆中取出。可以看到较粗的根系沿着盆底缠绕。

2 保留枯叶不易长出新根，应将其摘除。只要用剪刀将枯叶纵剪，便能轻松从两侧摘除。

3 去除大部分土壤后，根系中间会呈现空洞状。

4 老根或枯萎的根，可从根基部切除。同时注意别伤到白色的健康根系。之后再用适合的基质栽种即可。

种植完成

龙舌兰属
'吉祥冠'

细根型

拟石莲花属、景天属及长生草属等根部较细的多肉植物

重点在这里　根系生长过于旺盛或呈盘绕状时可适度剪除

种植顺序

1 根系布满盆内时，可轻敲盆壁使土壤松动，就能将植株从盆中取出。

2 揉松旧土，并去除约一半的土壤。这时候可仔细确认根部是否有介壳虫等虫害。接着剪去1/3～1/2的根系，以促进发根。

拟石莲花属‘特玉莲’

[餐具]

碗、玻璃杯或马克杯等，任何餐具都能用来种多肉。

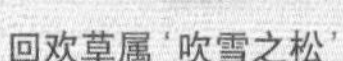

风车草属‘胧月’　　回欢草属‘吹雪之松’

还可以用这些容器种植

无论什么容器都能用来种植多肉，
尽情享受种植的乐趣吧！

[贝壳]

用大贝壳制作组合盆栽，小贝壳种植幼苗。

长生草属‘约瑟夫夫人’和‘丑角’

风车草属‘胧月’

[砖块]

用有洞的砖块当盆器。
右边照片中间的盆器是将砂纸反贴于砖块上，非常有特色。

虎尾兰属‘扇状虎尾兰’

[布袋]

也可以试着
将布袋吊起来栽种多肉植物。

景天属'虹之玉'

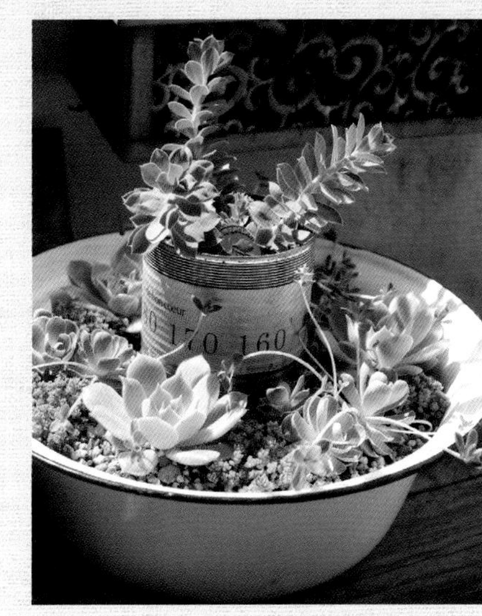

[洗脸盆]

充满复古气息的
搪瓷洗脸盆，
搭配铁罐栽种多肉，非常特别。

景天属和瓦松属'子持莲华'

[铁罐]

可直接使用铁罐或在铁罐外贴上杂志的封面等，
生锈的铁罐也别有一番风味。

[漂流木]

在海边捡到的漂流木，
泡在水中去除
盐分后就能使用。

景天属'春萌'

[锅]

生锈的锅也很有特色。

青锁龙属'青锁龙'
龙舌兰属'笹之雪'
千里光属'绿之铃'

栽培的诀窍

露地栽培时，基本上就是交给天气决定。梅雨季节或台风等下大雨的时期，有可能会让植株失去活力。不耐多湿的品种，应栽培于不容易淋到雨的场所。

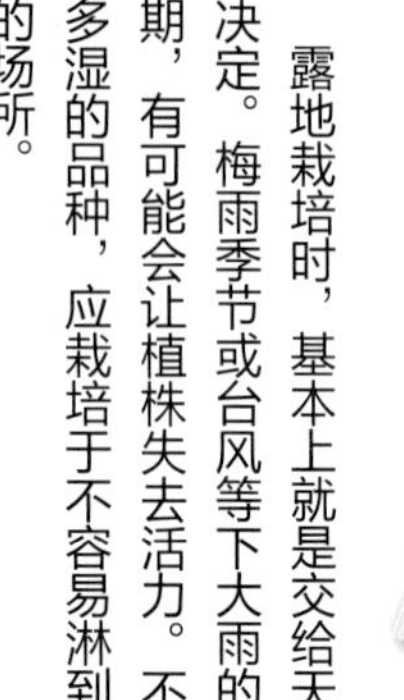

浇水

休眠期少浇或不浇水

浇水的基本原则是需要的时候再浇水，不需要的时候停止浇水。说起来简单，但是要学会分辨是否需要浇水却需要一定的经验。

不过若了解植株的生长类型，就能帮助判断。如夏型在冬天休眠，冬型在夏天休眠，休眠中的植株并不会从根部吸收水分，所以浇水会伤害根系，使植物失去活力。严重还可能造成根部腐烂而枯死。

实际上，多肉植物枯死常见的原因就是，浇水过度造成根部腐烂。然而多肉终究是植物，在生长期还是要给予水分。而浇水最重要的就是见干见湿。

尤其是盆栽时，土壤干燥的时间会因盆器大小、盆底洞的大小以及基质而有所差异，每一个盆栽的条件不尽相同，所以应该仔细观察，并且判断浇水的时机。浇水时应充分浇至水从盆底流出为止，当盆内的土壤湿润时，不需要再浇水。

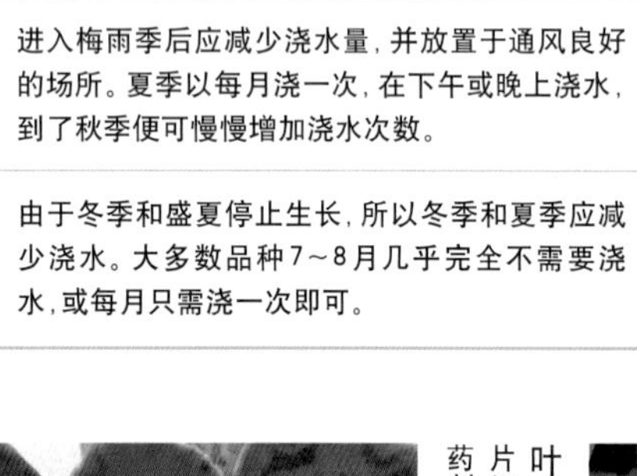

● 三种生长类型的浇水建议

夏型	春至夏季可给予充足水分。进入秋季气温下降后，应拉长浇水间隔，到了冬季一个月浇一次即可。
冬型	进入梅雨季后应减少浇水量，并放置于通风良好的场所。夏季以每月浇一次，在下午或晚上浇水，到了秋季便可慢慢增加浇水次数。
春秋型	由于冬季和盛夏停止生长，所以冬季和夏季应减少浇水。大多数品种7～8月几乎完全不需要浇水，或每月只需浇一次即可。

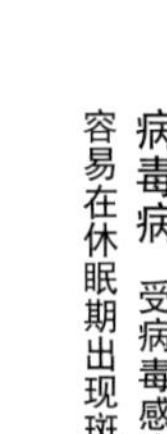

病虫害

不仅叶片，根部也需要仔细检查是否有病虫害

虽然和其他植物相较之下，多肉植物的病虫害较少，不过也并非完全没有。其中最应该注意的害虫是根粉介壳虫。购买植株时，应尽量挑选叶片健康的植株，换盆定植时养成确认根部状态是否健康的习惯。

应多加注意的病害是灰霉病。容易发生在晚秋和早春，因此，这段时期应常检查是否有枯叶并立即去除。另外，栽培好几年的植株易患病毒病，虽然不会枯萎，但是叶片会长出斑点，有损美观。病毒可因修剪使剪刀带毒传毒，所以应该保持剪刀清洁。

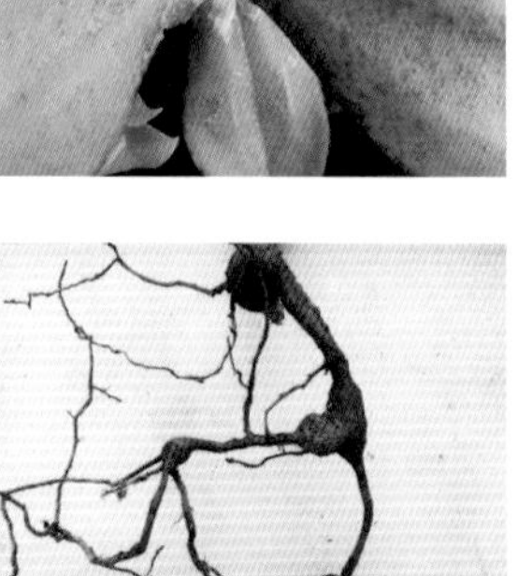

叶螨 附着在叶片上，会使叶片褪绿。可涂上除叶螨的专用药剂。

病毒病 受病毒感染后，特别容易在休眠期出现斑点。

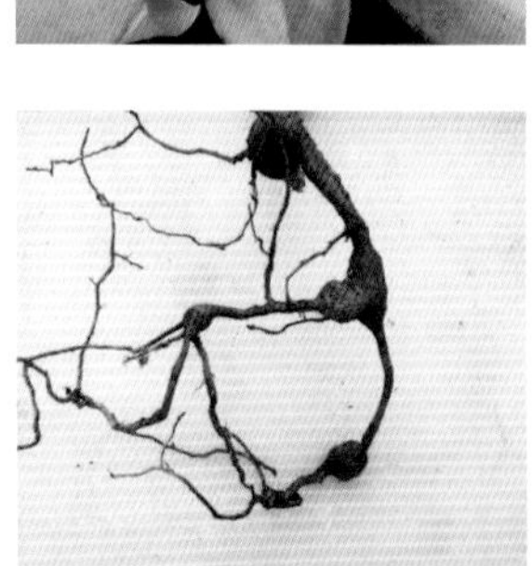

根结线虫病 根结线虫附着在根部的寄生虫，吸取植物的养分。发现后应切除长瘤的根。

根粉介壳虫 白色粉末是介壳虫的粪便。若发现后应剥除土壤，清洗根部，再喷杀虫剂。

晒伤 叶片晒伤处呈褐色斑块，一旦晒伤后就无法复原。

普通介壳虫 长度为1～1.5毫米的椭圆形虫，会产生白色的絮状物产卵。可喷杀虫剂或是用酒精棉擦拭。

玄翱入口通道的踏脚石边缘，种植了'龙血锦'和'佛甲草锦'。由于阳光充足，排水良好，因此生长茂盛。

庭院栽培的注意事项

不要担心枯萎，别怕出现失败

由于日本列岛呈南北狭长，气象条件会因地区而有所不同，因此，多肉植物庭院栽培时，除了应事先调查品种特性之外，也建议以『就算不小心枯萎了也没辙』这种豁达的态度去尝试种植。

所种植的品种若适合此环境便能健康生长，枯萎则代表不适合此环境。因此，建议放弃该品种。避开由环境淘汰的品种，不断尝试其他品种也是种植多肉的乐趣之一。

促进排水和通风

多肉植物不喜闷热，因此，尽量将其种植在通风良好的场所。此外光照也非常重要，至少也要提供半日照的栽培环境。

多肉植物喜爱排水良好的场所，排水条件较差时应进行土壤改良。另外，也可通过将栽培地加高等方法，来改善排水问题。

日本从梅雨季开始至整个夏天结束几乎都处于高温多湿的状态，可将周围的宿根植物或灌木修剪，以避免小环境闷热。另外若景天属等枝条过于旺盛，也会因为闷热而使叶子枯萎，所以也应进行修剪。

● 根部腐烂时的处理方法

根部腐烂时，可用剪刀将腐烂的部分剪除。

放置2～3天使根部伤口干燥，再放入空的容器中，待发根后再重新用土种植。

更新换土

进行数年一次的更新换土

若放任盆栽生长数年易引起盘根问题，植株活力减弱，所以需要更新换土。虽然生长速度也会因植物的不同而不同，无法一概而论，但是较小型的品种更新换土的时间为1～2年，较大型的品种约为3年。若长出子株时可在换土的同时进行分株。有些品种可放任生长4～5年，欣赏其不可思议的形态。

若生长到拥挤状态时，可将植株挖起，同时进行换土和分株。

在生长期之前换土

进入生长期之前是换土的最佳时机，如夏型适合在春天、冬型适合在初秋，而春秋型则适合在早春或初秋进行，粗根型和细根型的换土方法也稍有差异。

粗根型在换土时应避免伤及根系，仔细剥去旧土后立刻种植。

而细根型在换土前一周应停止浇水，让土壤保持干燥。根系过长时可以先剪去1/3～1/2根系后，放置于半日照的场所3～4天，使根系干燥后再用新土种植。

繁殖的乐趣

多肉植物的魅力之一就是容易繁殖。一片叶子能长出新的植株，或将幼苗插入土里就能长出独立植株。

较有代表性的繁殖方法有：从原有植株剪下枝条的枝插法；由叶子长成植株的叶插法；将长出的子株进行分株的方法。

进行扦插繁殖时，应尽量选择健康的枝条作为插穗。母体健康，子代才能茁壮成长。

长生草属多肉植物枝条往盆外延伸，前端连着子株。

[枝插繁殖]

用原有植株的枝条繁殖的方法又叫砍头。诀窍在于健康枝条剪下后不立即扦插，应放置于阴凉处2 ~ 3周使伤口干燥，还能促进发根和生长。当新的根长出后就可以种植。此外，徒长的多肉植物也能因剪下徒长枝，而恢复美丽的外观。

重点在这里 剪下的枝条不要立刻种植，应放置2～3周使其伤口干燥，并等待发根。

种植顺序

1 枝条徒长的风车草属‘初恋’。

2 用干净的剪刀，将徒长的枝条剪下。

3 放入空罐中，并放置于背阴处直到长出根为止。

4 经过2～3周后，会像照片里显示的那样长出根。

5 种植于盆钵内。

种植完成

[叶插繁殖]

叶插是将叶子培育成植株的方法。只要从原有植株摘下整片叶子，平铺于土壤上即可。植株自己掉落的新鲜叶子也可以用来叶插。不需要浇水，放置于半阴处保管，待幼芽冒出后，再用喷雾器等浇水。待原本的叶子枯萎，新芽长至2厘米左右时，再用镊子等移至盆器中种植。

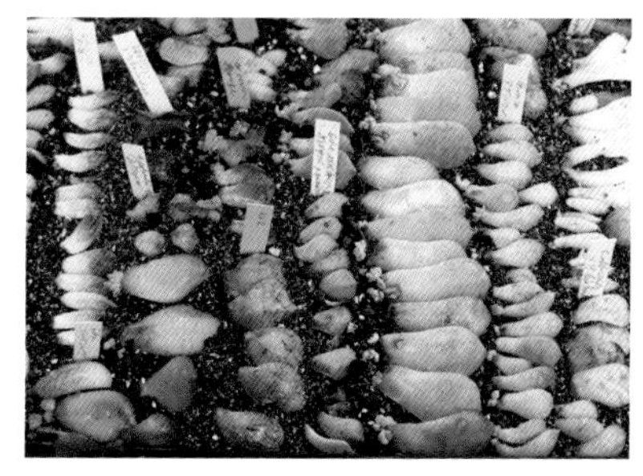

一次能培育出大量新的植株，这也是叶插繁殖的优点。同时繁殖好几种品种时，可插上标签，以免忘记品种名。

拟石莲花属'渚之梦'的叶片从基部长出可爱的幼芽。

[分株繁殖]

重点在这里 带有根的幼苗可以直接栽种

植株横向延长生长或群生的品种，可用来分株繁殖。盆栽植株逐渐分生容易引起根部缠绕。数年一次为植株换土时，也顺便进行分株繁殖吧！

在分株时，太小的植株不需要刻意一个个分开，分成数丛种植即可。

种植的顺序

1 将爆盆的景天属'信东尼'分株。

2 植株从盆器取出

3 用手将子株剥离，注意不要伤及根部。

4 无法完整取下的子株，可用剪刀从茎部剪下。

5 用手完整剥下的子株由于切口较小，不需干燥可直接栽种，栽种时一定要记得插上品种标签。

6 用剪刀剪下的子株可放入玻璃瓶等容器中，待长出新根后再栽种。

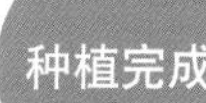

将幼苗种植在蛋壳中

将幼苗试着种于蛋壳中，
排成一整列非常可爱。

左：拟石莲花属'古紫'
右：青锁龙属'赤鬼城'

用幼苗打造出独具特色的装饰品

利用制冰器营造出可爱的氛围

将分株后的景天属幼苗和
扦插的幼苗，
放入制冰器中栽培。
长大一点后还能
利用其做组合盆栽。
培育过程也充满乐趣。

景天属'姬星美人''秋丽'

小巧的组合盆栽

幼苗做成的组合盆栽可爱至极。
容器可改变整体氛围。
左图为原创素烧盆。
下图则是将空罐再利用的盆器。

风车草属‘姬胧月’
仙人掌科裸萼球属‘绯牡丹锦’
风车草景天杂交属‘秋丽’
拟石莲花属‘古紫’
景天属‘蓝色天使’
风车草属‘胧月’

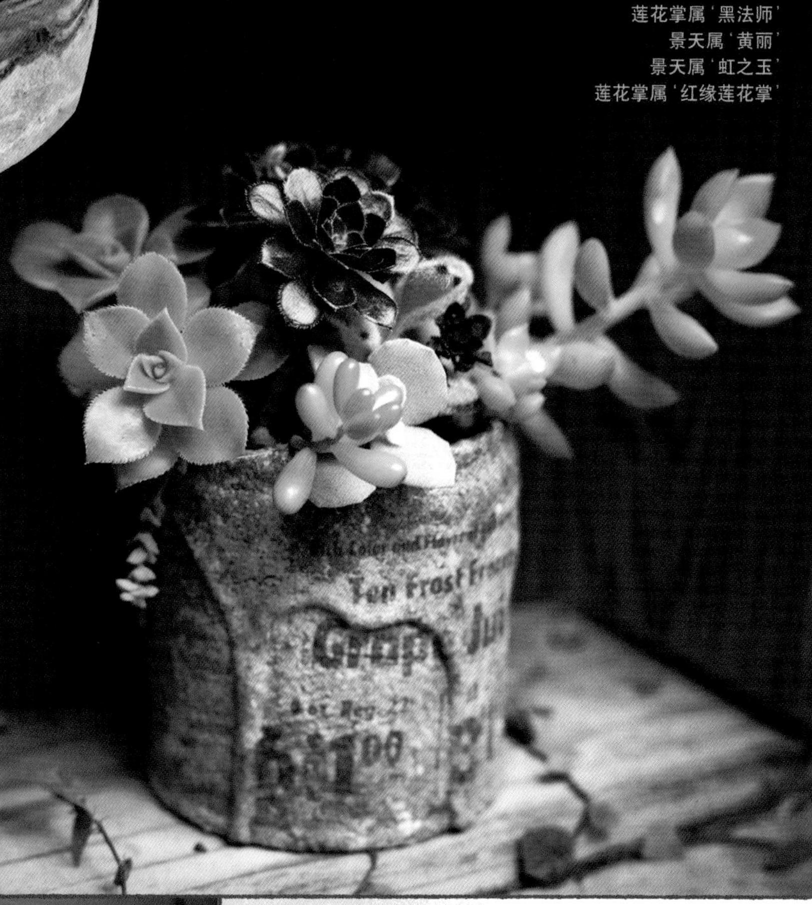

莲花掌属‘黑法师’
景天属‘黄丽’
景天属‘虹之玉’
莲花掌属‘红缘莲花掌’

用有裂孔的红砖种植

将有裂孔的红砖用水性油漆上色，
可当作盆器再利用，简单又有创意，
可以涂得随性一点。

后方：景天属‘粉雪’
前方：景天属‘秋丽’‘大唐米’

迷你装饰品

充分利用幼苗，摆放在不同的
容器中打造迷你装饰品。
在照顾植物时不小心折断的枝叶也别丢掉，
适当处理使其发根后，
便能享受栽培的乐趣。

Part 3

一起来打造
多肉植物花园

打造多肉植物花园的注意事项

试试看这种多肉植物是否适合此环境

『这个品种不知道能不能庭院栽培？』如果为此担心的人，建议先试种看看。也许其中会有不适合的品种被淘汰，而适合的品种则会留下来。与盆栽不同的是，种植于庭院中还能欣赏植株茁壮成长并连一片的样子。

庭院栽培时，也应同时考虑多肉植物和其他植物是否适合种在一起。若多肉植物和一些长势过旺的宿根植物一起种植，较小的多肉植物可能会被其遮挡阳光而枯萎。喜爱水分的植物，也不宜和多肉植物一起种植。

光照充足、通风和排水良好的场所是最佳选择

大多数多肉植物喜爱半日照以上的阳光以及通风和排水良好的场所。太阳的轨迹会随着季节变换，因此，在定植之前，应掌握一整年的光照情况，并且尽量将多肉栽培于能在中午前晒到太阳的位置。不过一些强健的品种，就算是半阴也没有关系。

对于不耐湿的多肉植物而言，不易淋到雨的屋檐下或阳台，是比较理想的种植场所。在庭院若能加装避雨设施便可安心栽培。

排水不良时应进行土壤改良。另外，多肉植物就算土壤较少也能种植，所以在水泥或瓷砖等坚固的地面也能DIY打造一个栽培空间。

管理简单，不用费心照顾，也是多肉植物的魅力之一。种植时应注意的是避免湿气过重和闷热。剩下只要放任其生长即可。

多肉植物向阳而生使得枝条弯曲，或和其他植物竞争时，往完全意想不到的方向延伸，形成充满生命力的姿态，也是多肉植物的魅力所在。

种植能共享生长环境的植物

将多肉植物和宿根植物、灌木等一起栽培时，最重要的就是彼此的生长环境是否相似。尽量选择耐旱、不喜湿的植物与多肉植物搭配。

用作地被植物

将景天科等强健的种类当作地被植物混合栽培，各种叶片颜色产生的对比也很有趣。

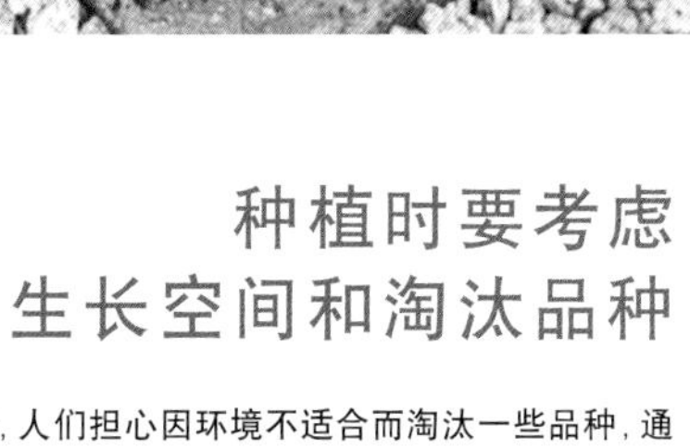

种植时要考虑生长空间和淘汰品种

挑选品种时，人们担心因环境不适合而淘汰一些品种，通常一次栽培好几种多肉植物，应考虑植株生长旺盛时的空间，栽种时应保持一定距离。

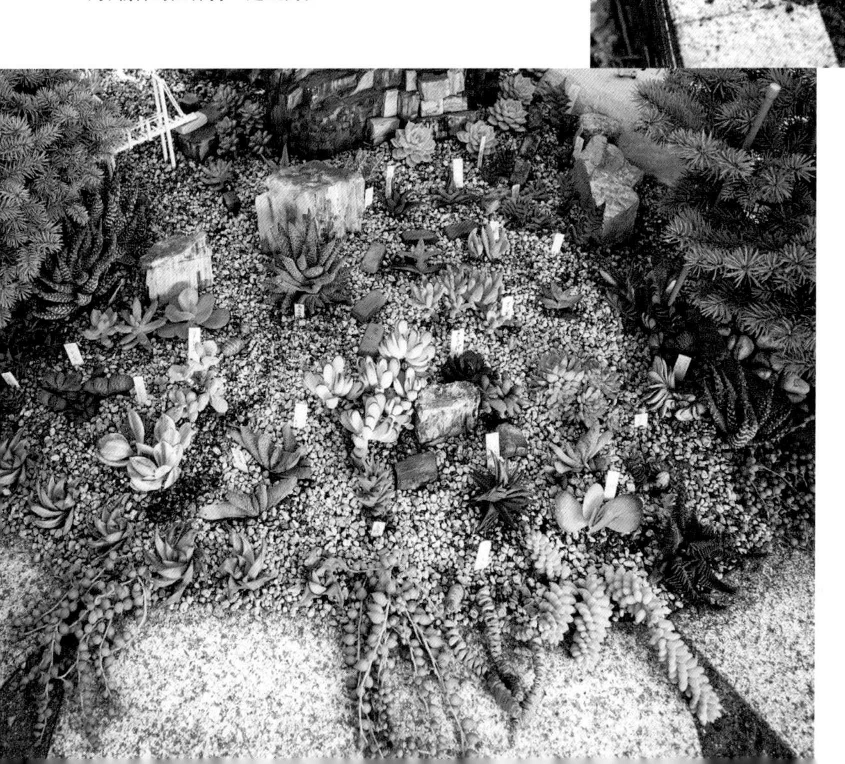

确保排水良好

比地面高一些的栽培空间，排水性能极佳。于底部放入轻石，且尽量避免颗粒太细小的栽培用土。建议选择排水性好的基质。

LESSON 1

打造宿根植物和多肉植物的花园

以龙舌兰属等存在感强的大型多肉植物为主角的花园，建议设置在玄关旁等小空间。地被植物不需要太多，才能更显主角的出色。放任其生长一年也能维持美丽样貌。

种植场所

预备在已经栽种一棵龙舌兰的位置，打造一个小小的花园

这次要打造小型多肉植物花园的场所是一片小空地。目前已经种植了一棵龙舌兰属「Albidior」和景天属「粉雪」，准备在旁边种植龙舌兰属「Havardiana」。同时，周围栽种宿根花草当作地被植物。

由于此处原本是行走空间，所以造成土壤板结，因此，要进行土壤改良。地被植物的根较浅，只需要稍微翻耕，并在表面加入花草专用培养土即可。

选择宿根植物筋骨草作为地被植物，有黄叶、细叶和斑纹这3种类型，可避免整体过于单调。另外在前方种植颜色明亮的景天属「松叶佛甲草」当作地被植物，栽种完成后，在周围配置一些盆栽，打造出富有立体感的庭院景观。

为改善排水，准备了碎石和花草专用培养土

土壤改良用土

种植顺序

1 龙舌兰的根系较深，挖30 ~ 40厘米深的种植穴。

2 于种植穴底部放入碎石，以改善土壤排水。

3 放入草花专用培养土，直到覆盖过碎石为止。

4 将龙舌兰从盆中取出，剪去枯萎的根系后，将土壤拍落一些。

5 若种植得太浅会让植株不稳定，应将植株基部埋入土壤。周围倒入培养土，最后用手轻轻按压。

6 凹陷部分回填庭院原来的土壤，再轻轻按压地面，让土壤和根部紧密结合。

重点在这里

种植完龙舌兰后，先不需要浇水。
经过2周待根系开始适应后，再浇水。

7 于周围种植筋骨草等，接着搭配一些盆栽装饰。

8 避开龙舌兰的基部，在种植筋骨草的区域浇水即可。

种植完成

适合与多肉一起种植的植物 [图鉴]

地被植物

筋骨草

多年生草本 | 唇形科 |

株高 10～20 厘米

有黄叶、细叶、斑叶等品种，半阴处也能生长良好，扩展能力强，耐寒。春天会开出一片片紫色的花，非常美丽。

花期
1 2 3 **4** **5** 6 7 8 9 10 11 12

叶片观赏期
1 **2** **3** **4** **5** **6** **7** **8** **9** **10** **11** **12**

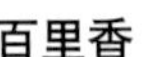

百里香

常绿半灌木 | 唇形科 |

株高 3～40 厘米

是非常受欢迎的香草植物。叶片有斑叶及黄叶缘等类型，白色或淡粉色的小花。

花期
1 2 3 4 **5** **6** **7** 8 9 10 11 12

叶片观赏期
1 **2** **3** **4** **5** **6** **7** **8** **9** **10** **11** **12**

活血丹

常绿多年生草本 | 唇形科 |

株高 15～30 厘米

叶片有亮绿色、斑叶等各种类型。健壮且茎部会不断延长生长。生长过于茂盛时，可适度修剪，避免小气候过于闷热。

花期
1 2 3 **4** **5** 6 7 8 9 10 11 12

叶片观赏期
1 **2** **3** **4** **5** **6** **7** **8** **9** **10** **11** **12**

野芝麻

半常绿多年生草本 | 唇形科 |

株高 5～20 厘米

有银叶、黄金叶、斑叶等品种，半阴处也能生长。春天开花，非常小巧可爱。

花期
1 2 3 4 **5** **6** **7** 8 9 10 11 12

叶片观赏期
1 **2** **3** **4** **5** **6** **7** **8** **9** **10** **11** **12**

灌 木

薰衣草

常绿灌木 | 唇形科 |

株高 30～60 厘米

开花期以外的时期也能当作观叶植物欣赏。不耐高温多湿，较耐寒。适合种植在通风良好、日照充足的场所。

花期
1 2 3 4 **5** **6** **7** 8 9 10 11 12

叶片观赏期
1 **2** **3** **4** **5** **6** **7** **8** **9** **10** **11** **12**

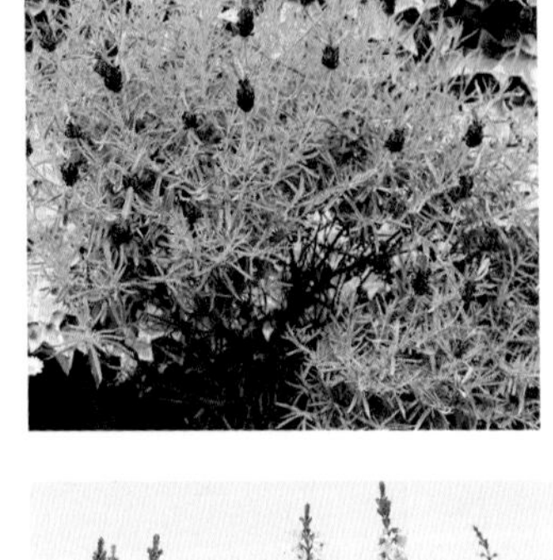

帚石楠

常绿灌木 | 杜鹃花科 |

株高 20～80 厘米

类似欧石楠的植物，植株呈现整齐的丛状。花色有白、粉红和黄等，也有秋天叶片转红的品种。较不耐夏季的高温多湿。

花期
1 2 3 4 5 **6** **7** **8** 9 10 **11** **12**

迷迭香

常绿灌木 | 唇形科 |

株高 30～150 厘米

是常应用于日本肉类料理的香草植物。喜日照充足、偏干旱的环境。不耐闷热，可在梅雨季前进行修剪。

花期
1 **2** **3** **4** **5** **6** **7** **8** **9** **10** 11 12

叶片观赏期
1 **2** **3** **4** **5** **6** **7** **8** **9** **10** **11** **12**

斑叶日本女贞

常绿灌木 | 木樨科 |

株高 50～180 厘米

非常美丽的彩叶植物，带有斑纹的小叶片，能使庭院更明亮。种植于排水良好、日照充足的地方，适度进行修剪，避免枝条过于茂盛。

花期
1 2 3 4 **5** 6 7 8 9 10 11 12

叶片观赏期
1 **2** **3** **4** **5** **6** **7** **8** **9** **10** **11** **12**

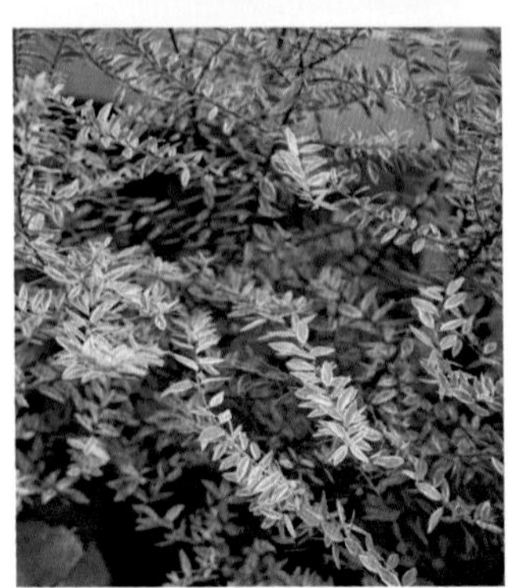

为大家介绍适合和多肉植物一起栽种的植物，
这些植物为全年皆可欣赏、不需费心照料的种类。

彩叶植物

矾根

多年生草本｜虎耳草科｜
株高30～70厘米

又名珊瑚玲。叶片有莱姆绿、琥珀、斑纹、黄叶、银叶等丰富的颜色。半阴环境也能生长，春天开可爱的小花。植株老化茎部向上生长后，可利用扦插（芽插）更新植株。耐寒。

花期 1 2 3 4 **5 6** 7 8 9 10 11 12

叶片观赏期 1 2 3 4 5 6 7 8 9 10 11 12

新西兰麻

多年生草本｜萱草科｜株高40～100厘米

叶形锐利，叶色变化丰富，有斑纹或银叶等。枯叶应从根的基部去除。

叶片观赏期 1 2 3 4 5 6 7 8 9 10 11 12

大戟属

多年生草本｜大戟科｜
株高30～100厘米

外形存在感强。有银叶、黄叶等各种叶色。花苞富有个性，观赏期长。不耐高温多湿，喜干旱，耐寒。

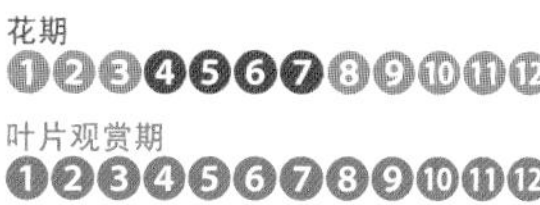

花期 1 2 3 **4 5 6 7** 8 9 10 11 12

叶片观赏期 1 2 3 4 5 6 7 8 9 10 11 12

黑麦冬

多年生草本｜百合科｜
株高5～20厘米

叶片细长，叶色接近黑色，能为空间增添静谧感，半阴环境也能生长。耐寒

叶片观赏期 1 2 3 4 5 6 7 8 9 10 11 12

薹草

常绿多年生草本｜莎草科｜
株高15～60厘米

纤细的叶形非常优雅，叶色也很丰富，还有卷曲状的品种，植株生长茂盛时可进行分株。

叶片观赏期 1 2 3 4 5 6 7 8 9 10 11 12

朝雾草

常绿多年生草本｜菊科｜
株高20～30厘米

别名银叶菊。羽毛状的纤细叶片为其特征，品种分成银叶系和绿叶系。不耐高湿环境，应适当修剪，促进通风。

花期 1 2 3 4 5 6 7 8 **9 10** 11 12

叶片观赏期 1 2 3 4 5 6 7 8 9 10 11 12

LESSON 2

与仙人掌搭配而成的长条形花园

靠着围墙的狭长空间，
不易受到霜害，非常适合种植多肉植物。
搭配具有一定高度的仙人掌，呈现出立体感。
不需要特别费心照顾，一整年都能享受绿意盎然的景色。

在边缘处种植景天属或垂吊类的品种，能增添自然感。

此外，在种植的时候也别忘了预留生长空间，避免未来太过拥挤。

毫无生机的围墙在种植仙人掌和多肉植物后，呈现出勃勃生机，墙面还挂了一些组合盆栽。

重点在这里

容易生长旺盛的品种周围应预留足够的空间

主要使用的品种

1 红覆轮

银波木属|春秋型

叶子较大，带有红色的边缘，会盛开可爱的红花。

2 灯笼草SP（未命名）

伽蓝菜属|夏型

在室外淋雨也能生长旺盛，于秋天开花。

3 连城阁

仙人掌科天轮柱属|夏型

柱形仙人掌，刺较少。可欣赏到大朵白花及红色果实。

4 大瑞蝶

拟石莲花属|春秋型

直径可超过30厘米的中大型种。特征是拥有强烈存在感的扇形叶片，橘色的花也非常惹人怜爱。

5 镜狮子

莲花掌属|冬型

无茎部的莲花掌属多肉，可长至大型。要特别注意，较不耐夏天的炎热。

6 铭月

景天属|夏型

比较耐寒的品种。秋天照射到充足阳光时，会呈现出红色。

7 舞会红裙

拟石莲花属|春秋型

直径可多达30厘米的大型种，叶缘有波浪状皱褶，到了秋天会转红。

8 箭叶菊

千里光属|春秋型

原产南非，独特的外形极受欢迎。要尽量避免夏日的直射阳光。

用不同叶色和叶形搭配呈现出强烈的对比

这次打造的多肉植物花园面向停车场，为宽度仅有30厘米的细长形空间，背景是一个以白色砖块砌成的围墙。

原来只栽种了柱状仙人掌，现又在其周围搭配种植了多肉植物。若仅有多肉植物会无法呈现出立体感。像这样与具有一定高度的仙人掌搭配组合，即可营造出丰富的层次感。

此空间位于日本群马县，冬天气温会下降至零度以下，因此，也会出现霜害。所以其中也可能会有无法越过寒冬的品种。第一年，先试种各式各样的品种。

栽培的诀窍在于，大型和小型品种的互相搭配。单纯栽培小型品种会显得过于单调，无法呈现出层次感。若在中间穿插加入大型品种，便能为整体增添特色。另外，让相邻品种的质感、颜色呈现出强烈对比也是搭配的技巧。

9 粉色衬裙
拟石莲花属|春秋型
叶缘有小波浪皱褶，当绿色部分转红时也极具魅力。

10 胧月
风车草属|夏型
肥厚的叶片很受欢迎，而且强健易繁殖。

11 高砂之翁
拟石莲花属|春秋型
叶片宽大，叶缘呈波浪状。秋天的红叶也非常美丽。

12 白毛掌
仙人掌科仙人掌属|夏型
繁殖力旺盛，是非常容易种植的小型仙人掌。

13 姬吹上
龙舌兰属|夏型
细长的叶片呈莲座状展开，株型非常美丽。

14 姬胧月
风车草属|夏型
光照不足时，叶片呈绿色；低温光照充足时，叶片呈红色。

15 春萌
景天属|夏型
黄绿色的肥厚叶片非常可爱。耐寒，日照不足容易徒长。

16 旭鹤杂交种
拟石莲花属|春秋型
叶片如圆扇般扁平，秋天会转成深粉红色。

17 条纹十二卷
十二卷属|春秋型
叶片细长质硬，呈莲座状排列。叶表有白斑，呈条形排列。

18 白牡丹
拟石莲花属|春秋型
偏白色的叶片尖端带点粉红色，开大朵的黄花。

19 龙血锦
景天属|夏型
圆形的绿色叶子带有白色和黄色叶缘。非常强健，易栽培。

20 紫羊绒
莲花掌属|冬型
叶片紫色，中心为绿色的美丽品种。强健且耐酷暑，繁殖容易。

21 五色万代锦

龙舌兰属|夏型

叶片带有白色及黄色美丽条纹的中型种。冬天要避免霜害。

22 乙女心

景天属|夏型

减少施肥，给予充足日照，叶尖就能染上美丽的红色。

23 茜牡丹杂交种

拟石莲花属|春秋型

整年呈现粉紫至深铜色的品种。伸长的花茎会开出橘色的花。

24 秋丽

景天属|夏型

风车草属与景天属的杂交种，肥厚的粉色叶片是其典型特征。可叶插繁殖。

25 佛甲草锦

景天属|夏型

像竹叶般的叶形，带有白色的叶缘。进入秋天叶缘会染上淡淡的粉色。

26 霜之鹤

拟石莲花属|春秋型

强健且生长快速的品种。较大片的叶子边缘带有红色。

27 碧桃

拟石莲花属|春秋型

因浑圆的外观犹如桃子而得名。容易徒长，应保证其光照充足。

4个月后

在梅雨季来临前种植，经过4个月，有些品种生长茂盛，并且陆陆续续开始开花。当作地被植物种植的景天属多肉植物，逐渐出壮起来。

‘旭鹤杂交种’的叶片已经转红，花茎伸长即将开花。

‘秋丽’和其他景天属多肉植物已经长得非常茂盛。右边的伽蓝菜属多肉植物也开花了。

LESSON 3

在阳台打造多肉花园

光照充足的阳台，
非常适合栽培多肉植物。
只种植多肉植物，
几乎不需要照料，也能健康生长。

在日本东京银座某写字楼的二楼，阳台没屋檐，所以会淋到雨，而且平常没有人手能加以照料，夏季的浇水也会成为问题。因此，决定不搭配其他植物，只在这个空间内栽培多肉植物。

对写字楼的阳台空间进行打造时，要考虑到重量限制，所以重点在于减轻栽培空间的重量。用砖块等堆起栽培空间铺上防水布，接着在底部放入轻石、碎保丽龙块，或是将空盆倒过来放等加高底部。

栽培的品种

1 小球玫瑰
景天属|夏型

深古铜色的叶片非常美丽，会开出鲜艳的粉红色花。适合当作地被植物。

2 吉普赛
拟石莲花属|春秋型

叶片呈微微的波浪状，秋天会转成粉红色。

3 龙血锦
景天属|夏型

圆形的绿叶边缘呈白色且有红晕。非常强健且适合当作地被植物。

4 松叶佛甲草
景天属|夏型

叶片细长，非常强健且容易繁殖。

5 舞衣
拟石莲花属|春秋型

大型种，叶片呈波浪状。到了秋天叶尖会转红色，渐变的外观极为美丽。

6 大和锦
拟石莲花属|春秋型

深紫红色叶片为其特征。可为花园增添特色。

7 胧月
风车草属|夏型

美丽且易栽培的人气品种。叶子为白绿色，天气变冷时会染上一些粉红色。

8 旭鹤杂交种
拟石莲花属|春秋型

青绿色的雾面质感非常美丽，属于比较大型的品种，秋天会呈现深粉红色。

9 弗列德·艾福斯
厚叶景天拟石莲杂交属|春秋型

叶片倒卵披针形，叶面凹，叶背凸，常具斜短叶尖，叶色呈绿至紫色的渐变。可作为大型品种培育。

10 霜之鹤
拟石莲花属|春秋型

直径约为20厘米的中型种，叶子展开时极具存在感。亮绿色的叶片，到了低温期会带一些粉红色。

11 银武源
拟石莲花属|春秋型

平常是明亮的青绿色，到了秋天会转为黄色。强健而且容易繁殖。

12 回首美人
厚叶景天拟石莲杂交属|春秋型

叶子肥厚稍微带一点粉红色。

13 初恋
风车草拟石莲杂交属|春秋型

叶片肥厚，稍微带一些粉红色的中型种。强健而且容易繁殖。

14 岩莲华
瓦松属|夏型

日本原生的可爱螺旋状品种，容易增生子株。

15 晚红瓦松
瓦松属|夏型

原生于东亚，叶片细长，非常强健且容易繁殖。

16 红覆轮
银波木属|春秋型

随着植株生长，茎部会变成木质状，大片叶子展开，会开出吊钟状深鲑鱼色的大花。

种植场所

在东京银座某写字楼的阳台搭建的花坛。花坛内放入了2/3花草专用培养土和1/3赤玉土。

种植顺序

1 放入带盆的植株，思考如何搭配更好看。如在前方或两边放置景天属植物等，同时注意配置匍匐生长的品种。

2 植株配置完成的样子，像在大楼中的小小绿洲。由于没有人照顾，因此，在无人管理的条件下，浇水就交给天气吧。

3 将植株从盆中取出，如果根系呈现盘绕状态，可稍微松松底部的土壤。

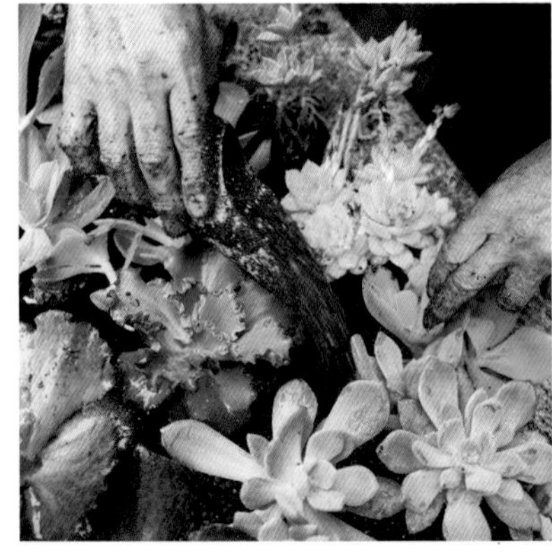

4 将盆中取出的植株放入土壤，再在空隙填入用土。圆筒铲土器更方便操作。

5 在表面铺上直径约2厘米的小颗粒赤玉土，可避免下雨时淤泥溅起。同时，赤玉土排水性好，可使土壤表面不易积水，可种植景天属等低矮品种。

重点在这里

考虑到品种淘汰的可能，尽可能多种一些品种。

这是在雨天种植完成的。要注意相邻品种间叶色和质感的对比，同时在面向道路外侧和中间种植较大型的品种，内侧则种植匍匐性品种。

3个月后

种植后的3个月内，经过多湿的梅雨季和没人浇水的夏季，花园植物呈现自由生长的状态，到了秋天也充满活力。「初恋」生长过于茂盛，遮挡了「晚红瓦松」和「岩莲华」的阳光，而使其生长势较弱。「松叶佛甲草」也逐渐匍匐生长，呈现出一种野生气息。

LESSON 4

用景天属多肉植物装饰庭院小屋

只要下一点功夫，就能使庭院小屋变身为有趣的绿意空间。利用盆栽还能打造出各式各样的造型。

在庭院小屋的外墙上，以相同间隔装上金属部件，接着拉上铁丝，最后放上3号塑料盆（直径约9厘米）种上强健且易栽培的景天属多肉植物。

可根据不同质感和叶色的品种排列出各种不同的造型，就像画画一样，自由发挥创造，偶尔改变盆栽位置更换图案，整个气氛也会有所不同，你也试着找找可以像这样玩赏多肉的墙面空间吧！

墙面已拉出相同间隔的铁丝。

铁丝像置物架一样，可以轻松放入盆栽。

通过改变盆栽的排列方式，打造出各式各样的图案，可使用相同色系或深浅不一的多肉植物搭配。

可以先画出预想的构图，
再进行排列放置。

站在远一点的位置观看，
确认整体的形状。

完成心形的墙面装饰。

多肉植物写真馆

再靠近一点观察!

多肉植物的魅力之一,就是其有趣的外形和质感。
再靠近一点仔细观察,你也许会有全新的发现!

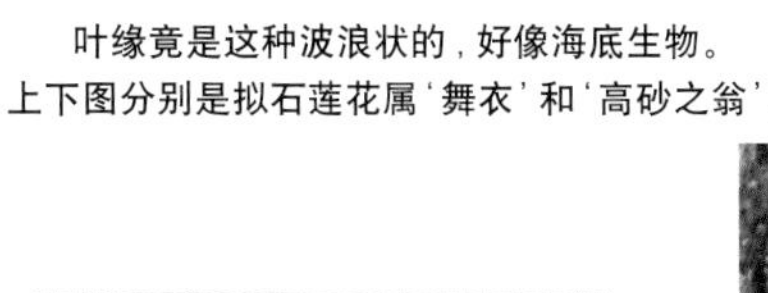

叶缘竟是这种波浪状的,好像海底生物。
上下图分别是拟石莲花属'舞衣'和'高砂之翁'。

'剑叶菊'是原生于非洲的多肉植物。

由正上方欣赏多肉植物也很有趣!
上下图分别是莲花掌属'黑法师'和风车草属'胧月'。

青锁龙属'方塔'
拥有层层重叠的叶片,
会让人忍不住一直盯着看。

仙人掌也有奇妙的外形,
令人想一探究竟。

'春萌'的叶片像鱼卵,
'龙血景天'像一朵朵袖珍玫瑰。

寒冷地区多肉植物的越冬技巧

寒冷地区也能通过一些栽培技巧在室外培育多肉植物。由成功在日本山形县酒田市让多肉植物越冬的畠（tián）山秀树（Lotus Garden）为我们讲解越冬栽培的技巧吧！

利用防雪套让龙舌兰过冬

一般而言多肉植物不耐严寒，在日本关东以西地区，也有许多无法过冬的品种，不过酒田市冬天的季节风非常强，而且严寒期气温甚至低至-4℃，积雪也有约30厘米，在这样的环境下，畠山先生却在山形县酒田市的室外成功栽种了多肉植物。只要选择合适的品种，并且采取防寒措施，在寒冷的室外也能成功栽培多肉植物。大型盆栽「美洲龙舌兰」在11月至翌年2月之间，用温室专用塑料布包裹起来，使其越冬。最初栽培龙舌兰的容器，用过素烧盆、陶盆等都失败了，最后用意大利制的塑料盆打洞栽培且越冬成功了。目前已经持续生长超过12年。

由于根系无法充分生长，所以生长状况和地面种植相比较差，不过塑料盆器的优点在于不会冻裂，而且根系和地面有一段距离，所以不用担心土壤冻结或积雪引起的根部腐烂，用塑料布包裹可避免雪打在植株上，这样可以确保断水，使植株休眠。

屋檐下能躲避风雪

在屋檐下设置枕木和较大块的石头，并于其间种植长生草属多肉植物。如此一来不仅能营造出具有特色的风景，枕木和石头还能守护植物，避免受到冬季强风的影响。这个方法就算积雪30厘米以上，植物在隔年春天也能展露活力。

将蓝叶系的'美洲龙舌兰'大型盆栽，放置于庭院的中心，盆栽下方用岩石、河沙，以及意大利制的球形装饰品打造出栽培空间，并种植长生草属多肉植物。

群生的长生草属多肉植物。

从正上方向下看，石头非常适合搭配长生草属多肉植物，而且石头和枕木还可以在寒冬保护他们。

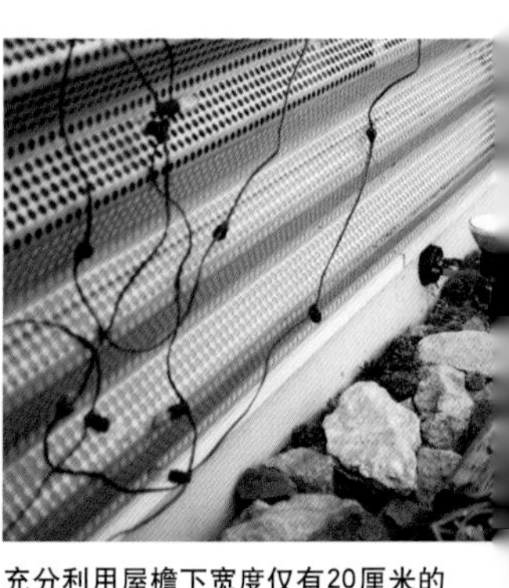

充分利用屋檐下宽度仅有20厘米的空间。

塑料布制作防雪套的方法

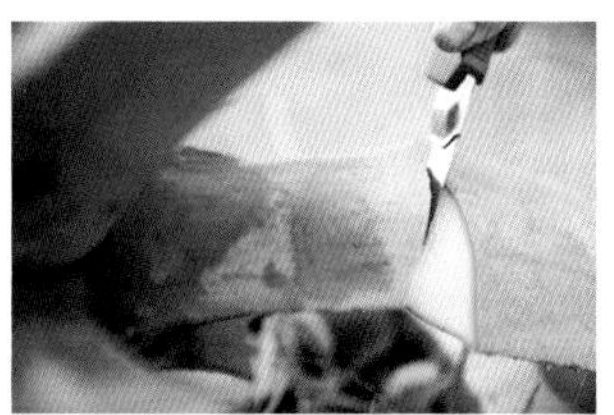

将受损的叶片由基部切除，

切下的叶片。

包覆防雪套前的准备工作已完成。

先将塑料布的最前端，用胶带固定于盆器侧面。

螺旋状包裹植株。

包裹时用胶带固定。

关键在于最后包裹形成的开口要向下。

防雪套包裹完成

包裹好的植株像冰激淋一样。

雪国也能健康栽种的多肉植物

就算覆上白雪也能生长的长生草属多肉，用河沙也能栽培，数年便会群生爆盆。

★要注意背阴处枯叶易造成小气候闷热。

长生草属SP（未命名）叶片可转红，随着气温变化，色调变得非常美丽。

龙舌兰属‘金边龙舌兰’除了冬天都可以室外栽培。

★从室内移至室外时，应注意阳光直射造成的晒伤。冬季采取防寒措施即可在室外过冬。

拥有美丽叶片的龙舌兰属‘屈原之舞扇’，除了冬天，均可种植于室外。

★冬天应移至室内照顾。冬季采取防寒措施即可在室外过冬。

多肉植物还可以这样玩

深色叶片和亮色叶片的品种混合栽植，对比鲜明。栽种于引擎盖的品种有拟石莲花属‘东云’‘雨滴’、莲花掌属‘紫羊绒’、景天属‘龙血锦’等。

复古“甲壳虫车”变身成多肉植物展示架！

在日本群马县的仙人掌咨询室入口，有一台吸睛的德国大众甲壳虫车。笔者将引擎部分挖空，用来当作多肉植物的栽培箱。其中以较大型的多肉品种居多，甚是壮观。由于是带盆放置，因此，可根据不同季节变换品种，自由玩赏。

创意满分，令人惊艳！

Part 4

展现多肉植物特色的园艺技巧

制作组合盆栽和花环

若松哲子

组合盆栽、花环及吊盆等，能为庭院带来华丽缤纷的氛围。尤其能当作小庭院中吸引视线的焦点，是庭院造景展现多肉植物特色的园艺技巧之一。

多肉植物组合盆栽或花环等不需要特别费心管理，一旦制作完成，就能长期维持美丽的样貌。可以较大的组合盆栽或各种花环等，当作小庭院的主角。小巧的组合盆栽，也能充分展现出多肉植物的可爱。

Technique 1

为庭院增添特色

只要在小空间放置组合盆栽，就能完全改变空间的氛围。
装饰存在感强烈的大型组合盆栽或花环，使之成为空间中的主角。
小型的盆栽可增添可爱的氛围，而将多个盆栽搭配组合，
就算不是庭院，也能营造出‘小小庭院’的氛围。

于玄关旁设置存在感强烈的组合盆栽

在大型盆器（英国品牌Whichford）中，栽种了华丽的多肉植物。以高挑的莲花掌属‘艳姿’为主角，搭配毛茸茸的‘月兔耳’，呈现出质感和色彩的对比。玄关旁不容易淋到雨，所以管理也非常轻松。

1 莲花掌属‘艳姿’
2 伽蓝菜属‘朱莲’
3 青锁龙属‘黄金花月’
4 风车草景天杂交属‘秋丽’
5 拟石莲花属‘红司’
6 伽蓝菜属‘月兔耳’

CREAM CHEESE
PARIS
JARDIN
FONDEE EN

活用盆器

根据盆器和装饰方法打造出各式各样的风格，
也是多肉植物的魅力所在，
用哪种盆器，该如何展示等，
尽情发挥自己的想象力和创造力吧。

附盖铁盒

保持打开盖子的状态，就像正在展示珍贵的宝物一样。种植时可事先用钉子和铁锤在底部打孔。

1 拟石莲花属‘纽伦堡珍珠’
2 景天属‘黄丽’
3 青锁龙属‘红稚儿’
4 风车草属‘姬胧月’
5 青锁龙属‘伍迪’
6 青锁龙属‘青龙树’
7 青锁龙属‘星王子’
8 厚敦菊属‘紫弦月’

1 伽蓝菜属'月兔耳'
2 青锁龙属'筒叶花月'
3 青锁龙属'火祭'
4 景天属'逆弁庆草'

复古风格的水壶

照片中的水壶直接放在置物架上便能使空间充满复古情调，可代替普通盆器使用，为空间增添特色。照片中选择了和水壶相同色系的品种，也可以选用对比色系搭配。

1 拟石莲花属'纽伦堡珍珠'
2 风车草属'初恋'
3 景天属'逆弁(biàn)庆草'
4 拟石莲花属'锦之司'
5 拟石莲花属'斯特罗尼菲拉'

厨房用品是创意的宝库

有许多厨房用品可以当作栽培多肉植物的盆器。像废弃的锅也能如此变身。由于是较深的锅，可搭配叶片较大的品种，让造型达到视觉平衡。因为底部没有开孔，所以在种植的时候建议放入硅酸盐白土(Million A等)，避免根部腐烂。

Technique 3

简单DIY增添个性

将市售品或日常生活中的物品稍微加工一下，
就能呈现出独具个性的多肉植物作品。
发挥创意，带着孩提时代的劳作心情，
尝试各种挑战吧！

将木制画框稍微加工

将市售的木制画框涂上颜料，以带有白色调的青绿色系品种为主，整体呈现出利落感。用带有黏性的培养土“Nelsol”做基质，即使直立悬挂植株也不会掉落。

1 拟石莲花属‘白牡丹’
2 风车草属‘姬胧月’
3 风车草景天杂交属‘秋丽’
4 厚叶景天拟石莲杂交属‘霜之朝’
5 景天属‘极光’
6 拟石莲花属‘锦之司’

油漆顺流而下的生锈铁罐

将铁罐放在室外淋雨，使其生锈至恰到好处的色调时，于边缘涂上油漆任其流下。在其中栽种了多肉植物‘火祭’，这个品种很适合搭配杂货。

营造怀旧风格

将铁罐稍加破坏，再用油漆上色。接着用其他生锈的铁罐，剪出一个造型贴在铁罐外壁。再用铁丝穿过铁罐两侧制作把手，就可以当作吊盆使用了。

1 景天属‘铭月’
2 伽蓝菜属‘蝴蝶之舞’
3 拟石莲花属‘斯特罗尼菲拉’
4 景天属‘逆弁庆草’

用叶色、质感和叶形的对比提升存在感

多肉植物拥有各式各样的叶色、质感和叶形。
将其相互搭配，呈现出对比，
就算只有多肉植物，也能打造出华丽风格的组合盆栽或花环。
搭配可转色的品种，在秋冬之际还能欣赏秋色。

1 拟石莲花属'黑王子'
2 景天属'铭月'
3 景天属'黄金丸叶万年草'
4 拟石莲花属'东云'
5 厚叶草属'立田'

用不同叶色的莲座状品种提升存在感

拟石莲花属有许多叶片呈现莲座状的品种。将颜色相异的品种一起栽种，也能呈现出强烈的对比。搭配可爱的'黄金丸叶万年草'，增添动感。

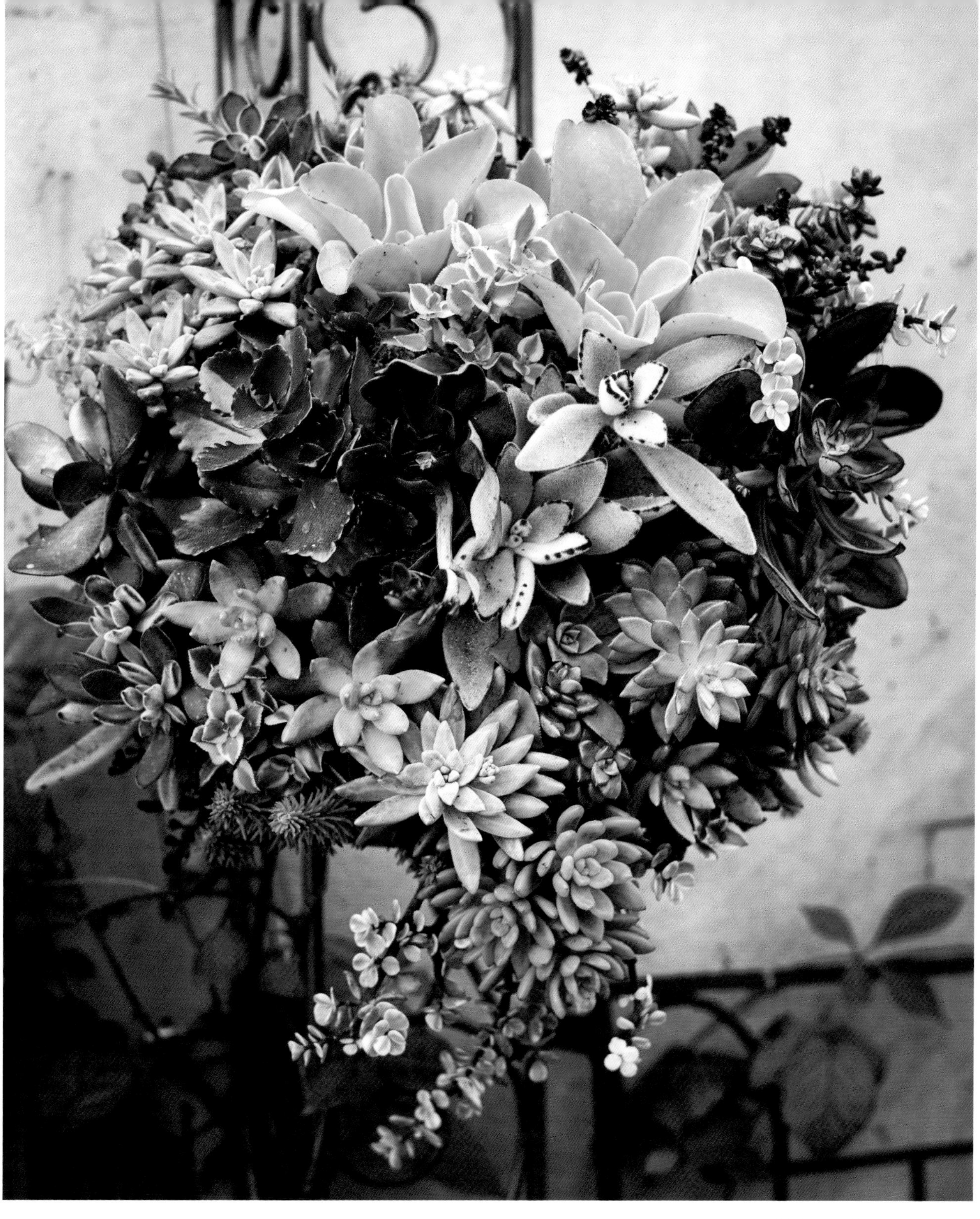

叶色相异的华丽花环

华丽的多肉花环，是小小空间的主角。由紫色、黄色、绿色以及斑纹品种，与秋季转红叶的品种搭配，呈现出丰富的色彩。颜色对比会随着气温下降而逐渐增强，可在寂寥的冬天成为庭院的主角。

1 伽蓝菜属‘月兔耳’　2 风车草景天杂交属‘秋丽’
3 拟石莲花属‘红司’　4 拟石莲花属‘霜之鹤’
5 景天属‘极光’　6 景天属‘龙血景天’
7 拟石莲花属‘花司’　8 矮玉树属‘雅乐之舞’
9 景天属‘春萌’　10 伽蓝菜属‘朱莲’

1 拟石莲花属'白牡丹'
2 青锁龙属'天狗之舞'
3 景天属'春萌'
4 景天拟石莲杂交属'柳叶莲华'
5 景天属'铭月'

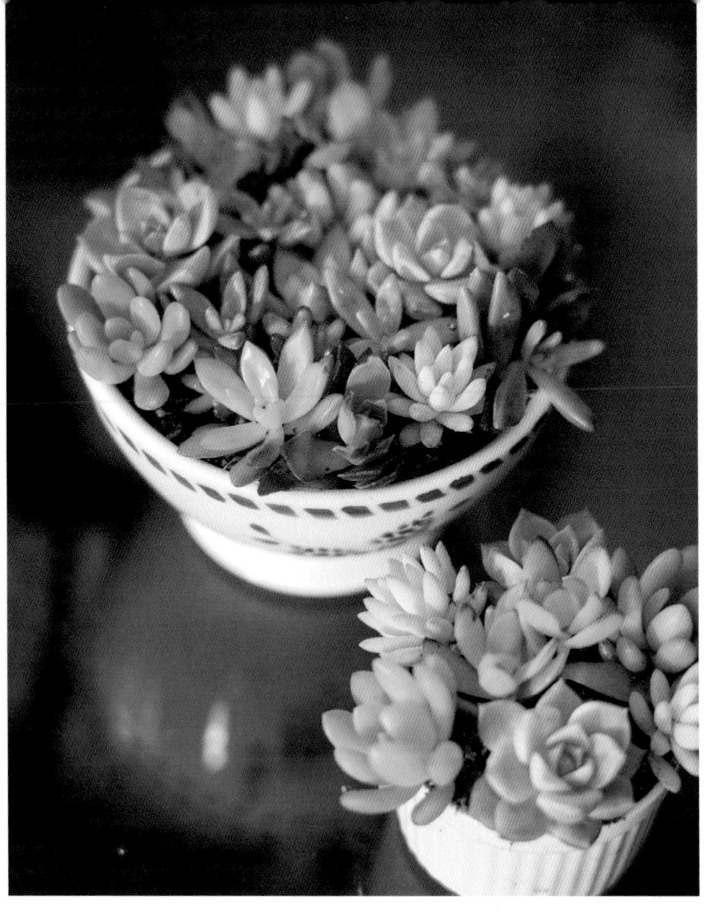

Technique 5

用小巧的组合盆栽营造出随性风

尺寸小巧的组合盆栽与杂物搭配，
为空间带来时尚感。
只要在盆器上多花一点心思，
便能使之成为空间的特色。
除了盆器之外，也可以充分利用
餐具或铁笼等身边常见的物品。

利用欧蕾咖啡杯或布丁杯呈现出可爱感

利用餐具种植组合盆栽，白色的器皿非常适合搭配清爽的淡绿色多肉植物。使用底部没有洞的器皿时，可放入硅酸盐白土（Million A等）以防止根部腐烂。

利用明亮的绿色营造清爽氛围

在小木箱中种植绿色系的品种。'丸叶万年草白覆轮'轻盈且富有动感，'秋丽'到了秋天会染上粉红色。

1 风车草景天杂交属'秋丽'
2 景天属'丸叶万年草白覆轮'
3 银波木属'熊童子'

随风摇曳的圆形吊盆

在圆形容器上打孔，栽种多肉植物，可以制作出一款圆形吊盆。搭配黄绿色的‘丸叶万年草’，呈现出明亮的感觉。吊挂于树枝上，任其随风摇曳。

1 景天属‘丸叶万年草’
2 风车草景天杂交属‘秋丽’
3 厚敦菊属‘紫弦月’
4 景天属‘玉缀’
5 景天属‘龙血景天’

利用附盖子的小铁笼

在附盖子的小铁笼内铺上一层纸，再利用水苔种植。为搭配纤细的铁笼，选择了垂吊的品种‘紫弦月’，以及形态可爱的‘星王子’等，营造出动感。

1 青锁龙属‘星王子’
2 伽蓝菜属‘蝴蝶之舞’
3 青锁龙属‘火祭’
4 厚敦菊属‘紫弦月’

Technique 6 用盆栽打造小小世界

将形态别具一格的多肉植物，与盆器或杂物搭配组合展现个性。
通过发挥想象力，享受栽培多肉植物的乐趣吧！

1 银波木属‘银波锦’
2 青锁龙属‘青锁龙’
3 景天属‘黄丽’
4 仙人掌科乳突球属‘梦幻城
5 天锦章属‘天锦章’

品味形态之美

‘银波锦’有美丽的波浪状扇形叶片，与其伸展的枝条搭配很有特点。于盆器内放置打孔的红砖并且栽种小型多肉植物，再放上迷你模型，打造出充满特色的小小世界。

呈现出自然风景

用‘日高’和小型的玉簪类组合成空中的小庭院。苔藓也能增添一抹风情。‘日高’会开可爱的粉花，到了秋天叶片还会转红。

1 紫玉簪（多年生草本）
2 苔藓球
3 景天属‘日高’

Technique 7 营造和风韵味

将‘日高’及‘晚红瓦松’等日本原生的多肉植物，
和苔藓、野草或蕨类搭配，
便能打造出拥有和风韵味的组合盆栽，
风趣十足的自然派盆栽，
绝对能让人感受到全新的植物魅力。

瓦松属‘晚红瓦松’

风情万种的迷你苔藓盆栽

由瓦松属‘晚红瓦松’及苔藓组合而成的迷你盆栽，仅有手掌般的大小，却拥有自然野趣，令人感到放松。

用花环为小空间增添华丽感

利用多肉植物的花环，
便能在小空间营造出华丽感。
通过不同品种的组合可呈现出豪华或清新的风格，
同时也能瞬间改变空间的氛围。
一旦制作完成后，
几乎不需要费心照顾，
就能够长期欣赏其美丽姿态。

非常适合圣诞节的欢乐气氛

若搭配仙客来或红花的小盆栽，还能当作圣诞节的装饰花环。

1 风车草景天杂交属‘秋丽’
2 拟石莲花属‘花司’
3 景天属‘日高’
4 伽蓝菜属‘窄叶不死鸟’

活用紫叶品种，营造出华丽感

独具个性且叶片较大的紫叶品种，犹如花朵般华丽。利用相邻品种的叶色和叶形对比，营造出华丽感。小巧叶片的品种，可增添律动感。

1 风车草属‘初恋’
2 拟石莲花属‘雪锦星’
3 景天属‘松叶佛甲草’
4 风车草景天杂交属‘秋丽’
5 伽蓝菜属‘蝴蝶之舞’
6 马齿苋属‘雅乐之舞’
7 拟石莲花属‘红司’

制作组合盆栽

组合盆栽的基本原则就是尽量不要将夏型种和冬型种混合在一起，如果休眠期不同，浇水也会难以处理。想要制作出美丽的组合，诀窍就是选择叶色或叶形相异的品种形成对比。首先挑选主角品种，接着挑选能衬托主角的其他品种。将叶片小巧的景天属作为配角，也能增添轻盈感，刻意使用徒长的植株也是打造律动感。

●准备的工具

1 盆器
2 栽培用土
3 圆筒铲土器
4 小颗粒赤玉土
5 镊子
6 盆器碎片（也可作为底网）

●准备的多肉植物

7 拟石莲花属‘古紫’
8 风车草景天杂交属‘秋丽’
9 拟石莲花属‘修米里暗纹黑爪’
10 景天属‘姬星美人’
11 青锁龙属‘雨心’
12 拟石莲花属‘广寒宫’
13 拟石莲花属‘纽伦堡珍珠’

重点在这里

尽量选择
生长类型相同的品种

种植顺序

1 根据盆底孔的大小，铺上盆器碎片或底网。

2 为促进排水，在底部铺上的小颗粒赤玉土（直径约2厘米）。若盆器较深时，可放入轻石等盆底石。

3 放入适量混合了三成小颗粒赤玉土的花草专用培养土。

4 为防止虫害发生，加入少量杀虫剂比较安心。这次使用的是颗粒状的Akutara*。

5 首先种植最大的主角植株。从塑料盆中取出植株时，可轻敲盆身使土壤松动。

6 将根系稍微拨开，去除一半的旧土。特别是尽量去除中间的土。同时要仔细确认根部是否有根粉介壳虫等虫害。若出现根瘤时，代表有可能附着线虫，应去除干净。

7 使用圆筒铲土器放入土壤，便于配合其他植株调整高度。

8 种植在最前方的植株，可稍微倾斜。用镊子夹住植株的茎部作业，可避免不小心触碰到叶子而使其掉落。

9 枝较长的植株可以稍微倾斜种植，刻意使其沿着边缘垂下，营造出律动感。

10 于植株之间加入土壤。

11 要微调角度时，应使用镊子谨慎作业。栽种完成后先不要浇水，放置于每天可照射到数小时阳光的地方，2～3周后再浇水。

制作完成

*Akutara是由日本市售的一种杀虫剂。

制作花环

花环可以吊挂或靠在椅子上作装饰。使用具有黏性的培养土『Nelsol』制作花环，即便垂直吊挂花环也不会让植株掉落，不过比起只用Nelsol栽培，若在底部放入普通培养土，能让根系生长得更好。栽种时使用从植株剪下来的枝条，先使其干燥2～3天后再种植，种植完成后2～3周后再浇水，并确保每天有数小时阳光照射。

●准备的多肉植物

由许多品种剪下的枝条，如拟石莲花属‘白牡丹’、风车草景天杂交属‘秋丽’、景天属‘黄丽’‘龙血景天’等

●准备的工具

1 制作花环用的容器
2 圆筒铲土器
3 汤匙
4 镊子
5 筷子
6 普通培养土
7 Nelsol

重点在这里

使用具有黏性的培养土“Nelsol”，就算垂直吊挂花环，植株也不会掉落

种植顺序

1 于容器底部放入1/3的普通培养土。

2 在Nelsol中加入水，搅拌均匀直到拉丝为止。

3 将搅拌好的Nelsol放入容器中。

4 在正面将主要品种插入。

5 在旁边搭配'龙血景天'，以增添动感。较细小的品种可使用镊子。

6 将这3种品种放于正面。

7 在其两侧插入其他品种，使正面种满植株。

8 将最初栽种的3种品种，呈三角形栽种于其他两处。

9 陆续插入其他品种，使相邻的品种呈现出对比。

制作完成

展示多肉植物的技巧

多肉植物的形态充满趣味性，与杂货或小型家具等搭配组合，就能打造出充满个性的空间。就算没有置物架也要利用箱子及椅子等各种方法搭建置物架。

另外，如果庭院空间过小或和相邻的建筑物过于靠近，条件受限的时候，也可以设置木板架等，在有限的空间营造出宽敞的视觉效果，同时打造出展示空间。在这里介绍了各式各样的展示创意案例，你也可以发挥创造力，打造出独一无二的个性空间。

Technique 1

灵活利用背景和置物架

将置物架放置在庭院围墙处，可当作装饰多肉植物的场所。

将空调室外机罩当作置物架

在空调室外机罩上方，DIY制作了展示空间。小格子的置物架方便和杂货搭配，再加上位于屋檐下不会淋到雨，非常适合用来种植多肉植物。

活用雨水管道
打造出展示空间

将和邻居房屋交界处设置的木制置物架，打造成植物角落。照片中最前方是雨水管道被架起后种植多肉植物，使整体的空间呈现出一致性。

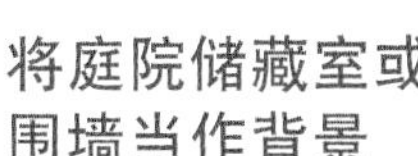

将庭院储藏室或
围墙当作背景

以庭院储藏室或围墙作背景，设置小小的置物架。

利用箱子或椅子打造出立体感

灵活利用箱子或椅子，就能打造出立体感，
为庭院增添特色。
尤其是古董风的椅子，
可为小巧的空间带来复古气息。

旧木箱和空罐的搭配很复古

将旧木箱和空罐组合，为阳台打造出充满复古魅力的空间。
铁罐建议底部打孔后再使用。

将木箱叠起摆放可当作置物架

将两个木箱叠加，便能当作置物架使用。背部为金属网，因此，通风良好，适合栽种多肉植物。

木制桌面下的小惊喜

在木制桌面下方放置木箱，收纳小巧的组合盆栽，像打开抽屉看到宝藏一样，真是令人佩服的创意。

打造庭院长椅的焦点

在庭院长椅上放置较大型的花环或组合盆栽，当作空间的焦点。多肉植物的花环就算到了冬天也能欣赏，可为庭院带来活力。

纤细的复古风椅子

将复古风的椅子当作阳台或玄关旁的盆栽置物架。纤细的设计非常适合搭配小巧的多肉植物组合盆栽。

用油漆涂刷凳子

普通的凳子只要一上色，就能瞬间改变样貌。另外也可使用旧家具等，你可以大胆尝试。

Technique 3

和杂货搭配组合

多肉植物特有的质感和有趣的模样很受欢迎，
越来越多人喜欢将其和杂货搭配。
搭配组合方式因人而异。
发挥你的创意，
享受各种组合的乐趣吧！

水泥艺术品

利用水泥艺术品造景在庭院多肉玩家之间逐渐成为一股风潮。
像这样和迷你模型搭配的组合盆栽，也是多肉植物的独特之处。

旧家具或废弃小物

旧家具或废弃小物，非常适合搭配多肉植物。
装饰时需考虑和盆器是否搭配。
试着打造出拥有个人风格的空间吧！

铁笼

铁笼是展示盆栽时的便利道具，可以随意摆放或悬挂在墙壁上，即便生锈也别有一番风味。

巧妙利用悬挂盆栽

为了有效利用小空间，
一定要试着在
墙面或园篱悬挂盆栽。
通过立体展示，不仅能有效利用空间，
也能自然而然地提高视线高度，为空间带来亮点。

活用汤勺

将挂在园篱上的汤勺用来种植组合盆栽，同时也充分利用了窗户防盗的蓝色铁架。

打造玄关的亮点

多肉植物与复古风杂货悬挂盆栽，以及与椅子的组合非常协调，而且墙面的颜色可衬托厚重的金属。悬挂盆栽里种有景天属‘姬白磷’‘龙血景天’‘姬胧月’等。

逐渐延伸的艺术品

景天属‘新玉缀’向阳生长、延伸的枝条，自然呈现出这样的曲线，充满了生命力。

Part 5

适合庭院栽培的多肉植物

［图鉴］

拟石莲花属

春秋型 景天科 细根型
原产地：中美洲

犹如莲花的放射状叶片是其魅力之处。从直径3厘米的小型种到40厘米的大型种都有，叶片颜色也有绿、红、白、紫等，色系丰富。

花月夜

生长类型：春秋型
夏季留意点：需约50%的遮光
冬季留意点：避免栽培于0℃以下
大小：小型
莲座直径8～10厘米
栽培容易度：☆☆☆

强健且花粉较多，因此，也是育种中优良的交配亲本。植株在较小型时，会长出群生子株。

林赛

生长类型：春秋型
夏季留意点：需约50%的遮光
冬季留意点：避免栽培于0℃以下
大小：中型
莲座直径15～25厘米
栽培容易度：☆☆

由'卡罗拉'的优良种选育出的品种，是拟石莲花属中拥有美丽红色叶尖的人气品种。

皮氏蓝石莲

生长类型：春秋型
夏季留意点：需约50%的遮光
冬季留意点：避免栽培于0℃以下
大小：小型
莲座直径约10厘米以内
栽培容易度：☆☆☆

历史较悠久的品种，青瓷般的叶色极富魅力。

桃太郎

生长类型：春秋型
夏季留意点：需约50%的遮光
冬季留意点：避免栽培于0℃以下
大小：小型
莲座直径约10厘米
栽培容易度：☆☆

'吉娃娃'和'林赛'的杂交种，红色叶尖极美，肥厚的叶片也很可爱。

皱叶蓝石莲
（荷兰女王）

生长类型：春秋型
生长类型：需约50%的遮光
冬季留意点：避免栽培于0℃以下
大小：中至大型且扁平
宽幅15厘米以上
栽培容易度：☆☆☆

由数种玉蝶交配而来的新品种。叶缘呈微微的波浪形非常美丽。

墨西哥巨人

生长类型：春秋型
夏季留意点：需约50%的遮光
冬季留意点：避免栽培于0℃以下
大小：大型
莲座直径约30厘米
栽培容易度：☆☆

叶片外侧为粉红色，植株中心呈现美丽的水蓝色。原产地不明的珍贵品种。

粉红莎薇娜

生长类型：春秋型
夏季留意点：需特别加强遮光，保持凉爽
冬季留意点：给予充足的阳光
大小：中型
直径20厘米以内
栽培容易度：☆☆

叶缘呈红色波浪形，美丽极了。有粉红色、紫色、蓝色等品种。

栽培容易度参考：☆☆☆表示适合新手，☆☆表示要稍微留意，☆表示需要多留意管理。

澄江（澄绘）

生长类型：春秋型
夏季留意点：需约50%的遮光
冬季留意点：避免栽培于0℃以下
大小：小型
栽培容易度：☆☆

多花且具有粉色的叶片，相当受欢迎，是日本培育的品种。到了春天会开出像照片中一样的橘色小花。

广寒宫

生长类型：春秋型
夏季留意点：加强遮光并保持凉爽
冬季留意点：避免栽培于0℃以下
大小：大型
莲座直径30厘米以内
栽培容易度：☆☆

有“拟石莲花女王”之称，是在盛夏开花的优美原生种，出状态时，叶片白里透蓝，叶绿泛红，透着仙气。一般夏末开花。

芙蓉雪莲

生长类型：春秋型
夏季留意点：需约50%的遮光
冬季留意点：避免栽培于0℃以下
大小：中型
莲座直径约20厘米
栽培容易度：☆☆☆

叶片数量多，由‘雪莲’和‘林赛’杂交而成的知名品种，也是非常热门的品种。

蔚蓝

生长类型：春秋型
夏季留意点：需约50%的遮光
冬季留意点：避免栽培于0℃以下
大小：小型
栽培容易度：☆☆☆

淡蓝色的叶片覆有白粉，叶尖的尖刺也很美丽。会不断长出子株，呈现出旺盛的群生状态。

红缘东云

生长类型：春秋型
夏季留意点：一整年都需要充足光照
冬季留意点：可在日本关东以西地区的室外过冬
大小：大型
直径30厘米
栽培容易度：☆☆☆

耐严寒及酷暑，强健易栽培，适合庭院栽培。

月影

生长类型：春秋型
夏季留意点：需约50%的遮光
冬季留意点：避免栽培于0℃以下
大小：小型
莲座直径8厘米以内
栽培容易度：☆☆

照片中是月影系中最具代表性的样貌。半透明的叶缘极受欢迎。

粉红天使

生长类型：春秋型
夏季留意点：需约50%的遮光
冬季留意点：避免栽培于0℃以下
大小：中型
莲座直径15～18厘米
栽培容易度：☆☆☆

‘莎薇娜’和‘凯特’的杂交种。强健易栽培，叶缘的粉红色非常美丽。

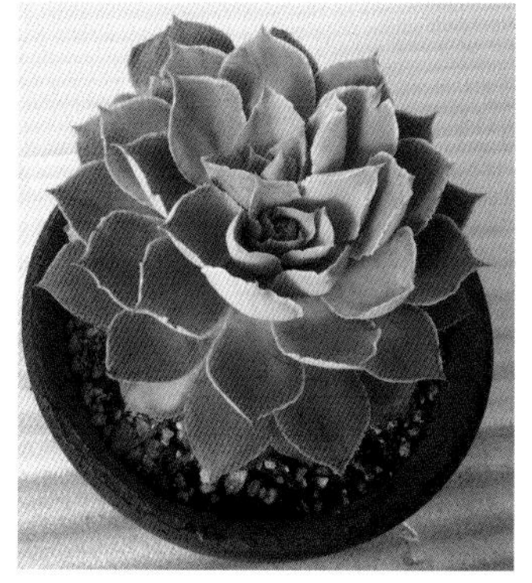

吉娃娃（娃莲）

生长类型：春秋型
夏季留意点：需约50%的遮光
冬季留意点：避免栽培于0℃以下
大小：小型
莲座直径7厘米以内
栽培容易度：☆☆☆

强健易栽培的人气品种。原产墨西哥，叶尖带有红色，会开红花。

姬莲

生长类型：春秋型
夏季留意点：不耐热，需保持凉爽
冬季留意点：避免栽培于0℃以下
大小：超小型
莲座直径2～3厘米
栽培容易度：☆☆

染红的叶缘和叶尖非常可爱。适合当作培育小品种的杂交亲本。可分株繁殖，常呈现群生状态。

古紫

生长类型：春秋型
夏季留意点：需约50%的遮光
冬季留意点：避免栽培于0℃以下
大小：小型　莲座直径约7厘米
栽培容易度：☆☆

深紫色的雅致叶片充满魅力。若给予充足日照，可增加叶色深度，但要注意在炎热夏季通风。

雪莲

生长类型：春秋型
夏季留意点：需约50%的遮光
冬季留意点：避免栽培于0℃以下
大小：中型
莲座直径约15厘米
栽培容易度：☆☆

拟石莲花属中颜色最白的品种。叶片布满白粉。

青锁龙属

夏型、冬型、春秋型

景天科　细根型
原产地：非洲南部至东部

属名*Crassula*带有厚的意思。是一个形态丰富多样的类群，其中也有外形奇特的品种。冬型种较不耐夏季炎热，放在半阴处便能生长良好。

特玉莲（特叶玉蝶）

生长类型：春秋型
夏季留意点：需约50%的遮光
冬季留意点：避免栽培于0℃以下
大小：中型
莲座直径约15厘米
栽培容易度：☆☆☆

玉莲中的突变品种，反向凸起的叶子独具特色。属于强健的品种。

茜之塔

生长类型：春秋型
夏季留意点：需约50%的遮光
冬季留意点：避免栽培于0℃以下
大小：小型
栽培容易度：☆☆

秋天会转成粉紫色，并盛开许多白色小花。群生的样子也极具魅力。叶子重叠生长，拥有高塔般的外形。

静月

生长类型：春秋型
夏季留意点：需约50%的遮光
冬季留意点：避免栽培于0℃以下
大小：中型
莲座直径约10厘米
栽培容易度：☆☆

叶尖带有红色，冬季叶片会转红，叶片数量多，群生。日本培育出的品种，非常受欢迎。

火祭

生长类型：春秋型
夏季留意点：一整年都需要给予充足光照
冬季留意点：−3℃环境下可过冬
大小：小型
栽培容易度：☆☆☆

图中是夏天的样子。属于健壮的品种，若给予充足日照，叶片随气温降低也会转成美丽的火焰般的红色。

数珠星（烤肉串）

生长类型：春秋型
夏季留意点：需约50%的遮光
冬季留意点：避免栽培于0℃以下
大小：小型
栽培容易度：☆☆

小巧的叶子不断延伸。适合用于组合盆栽。

风车草属

夏型、春秋型 景天科 细根型
原产地：墨西哥

小型种居多，也有许多人将此属和拟石莲花属杂交育种。风车草属的杂交属可分为两种，其一是和拟石莲花属的杂交种 *Graptoveria*（风车草拟石莲杂交属），其二是和景天属的杂交种 *Graptosedum*（风车草景天杂交属）。

赤鬼城

生长类型：春秋型
夏季留意点：需约50%的遮光
冬季留意点：0℃以上可在室外
大小：小型
栽培容易度：☆☆☆

秋季光照充足，叶片可转成火红色，开白色小花且带有芳香。强健且适合庭院栽培。

姬秋丽

生长类型：春秋型
夏季留意点：需约50%的遮光
冬季留意点：需约50%的遮光
大小：小型
莲座直径约1厘米
栽培容易度：☆☆☆

肥厚浑圆的叶片密集生长，非常容易繁殖。花为纯白色。

燕子掌（玻璃翠）

生长类型：夏型
夏季留意点：一整年都需要给予充足光照
冬季留意点：避免栽培于0℃以下
大小：小至大型，可长至1米以上
栽培容易度：☆☆☆

'玉树'的一个变种。常绿小灌木，开白色星形小花。注意其汁液有毒，可能会引起皮肤发红、肿胀等。强健且非常容易栽种。

菊日和（黑奴）

生长类型：春秋型
夏季留意点：不耐炎夏
冬季留意点：避免栽培于0℃以下
大小：小型
莲座直径约5厘米以内
栽培容易度：☆

叶片莲座状排列，十分紧密，看上去像一朵菊花。群生。花星形，红色。充分日照后叶色变深褐色。

若绿

生长类型：夏型
夏季留意点：一整年都需要给予充足光照
冬季留意点：避免栽培于0℃以下
大小：小型
栽培容易度：☆☆☆

细小的叶子呈长绳状伸展。春至夏季进行摘心（顶芽），可促进长出侧芽，保持美丽的外观。

银天女

生长类型：春秋型
夏季留意点：不耐炎夏
冬季留意点：避免栽培于0℃以下
大小：小型
莲座直径约4厘米
栽培容易度：☆☆

拥有紫色叶片的珍贵品种，一整年都可保持此颜色。群生，小花星形。

美丽莲（贝拉）

生长类型：春秋型
夏季留意点：较不耐热
冬季留意点：避免栽培于0℃以下
大小：小型
莲座直径约4厘米
栽培容易度：☆☆

叶片呈现美丽莲座状的群生类型。花径约1.5厘米，粉红色，星形，可能是景天科花直径最大的成员。

瓦松属

夏型　景天科　细根型
原产地：日本、韩国、中国等

原产于东亚的多肉植物，犹如莲座般展开的可爱叶片为其魅力所在。冬天植株会将叶片合起越过寒冬，因此露地栽培也能生长良好。

桃之卵（桃蛋）

生长类型：春秋型
夏季留意点：需约50%的遮光
冬季留意点：避免栽培于0℃以下
大小：小型
高度约7厘米
栽培容易度：☆☆

茎部上方的粉红色肥厚圆叶以莲座状展开。叶片外形类似厚叶草属。

子持莲华锦

生长类型：夏型
夏季留意点：一整年都应给予充足光照
冬季留意点：可在0℃下过冬
大小：小型
直径约5厘米
栽培容易度：☆☆☆

拥有黄色覆轮(黄色叶缘)的美丽品种。到了春天叶片会展开，伸出许多长长的小侧芽。

秋丽

生长类型：夏型
夏季留意点：一整年都应给予充足光照
冬季留意点：可在-2～3℃的环境下过冬
大小：小至中型
高5～20厘米
栽培容易度：☆☆☆

强健且繁殖力强，适合庭院栽培。

富士

生长类型：夏型
夏季留意点：不耐炎夏
冬季留意点：避免栽培于0℃以下
大小：小型
直径约6厘米
栽培容易度：☆

日本原生代表品种‘岩莲华’的白覆轮（白色叶缘）品种。开花后植株会枯萎，可用长出的侧芽扦插繁殖。

光轮

生长类型：春秋型
夏季留意点：需约50%的遮光
冬季留意点：避免栽培于0℃以下
大小：小型
高约5厘米
栽培容易度：☆☆

风车草属‘银天女’和景天属‘铭月’的杂交种。尖尖的叶片染成红色，莲座中心呈绿色，十分美丽。

岩莲华

生长类型：夏型
夏季留意点：一整年都应给予充足光照
冬季留意点：可于室外过冬
大小：小型
直径约5厘米　群生
栽培容易度：☆☆☆

叶色非常美丽的品种。会伸出匍匐茎，长出许多侧芽。强健且适合庭院栽培。

子持莲华

生长类型：夏型
夏季留意点：一整年都应给予充足光照
冬季留意点：可于室外过冬
大小：小型
直径约5厘米
栽培容易度：☆☆☆

从莲座延伸出的匍匐茎前端附着子株，也会从莲座中心开出白色的花。

乙女心

生长类型：春秋型
夏季留意点：秋天应给予充足光照
冬季留意点：避免栽培于0℃以下
大小：小型
直径约7厘米
栽培容易度：☆☆☆

圆润的叶片为其特征。到了秋天叶片前端会呈现红色。适合用于组合盆栽。

晚红瓦松

生长类型：夏型
夏季留意点：一整年都应给予充足光照
冬季留意点：可于室外过冬
大小：小型
直径约5厘米
栽培容易度：☆☆☆

日本原生种。黄绿色叶片呈扁梭形或棒状，排呈莲座状，由中心延伸出白花。

姬星美人

生长类型：春秋型
夏季留意点：一整年都应给予充足光照
冬季留意点：0℃以下也可过冬
大小：小型
栽培容易度：☆☆☆

肥厚小巧的深绿色叶片紧密生长，冬天会染成紫色，盛开白色的花。

景天属

夏型、春秋型　景天科　细根型
原产地：世界各地

原产于世界各地，拥有极佳的耐寒性及耐暑性，是强健且易栽培的类型。其中也有许多叶子较小，适合当作地被植物的品种。

虹之玉

生长类型：春秋型
夏季留意点：一整年都应给予充足光照
冬季留意点：避免栽培于0℃以下
大小：小型
栽培容易度：☆☆☆

圆球状的叶尖在夏天呈现深绿色，到了晚秋至冬天则会转成大红色。用一片叶子就能叶插繁殖。花黄色，星形。

铭月

生长类型：夏型
夏季留意点：秋天应给予充足光照
冬季留意点：可于室外过冬
大小：小型　直径约7厘米
高度约20厘米
栽培容易度：☆☆☆

肥厚的黄绿色叶片为其特征。茎部会不断伸长并长出分枝。到了秋天叶缘会染成深橘色。

粉雪

生长类型：整年
夏季留意点：一整年都应给予充足光照
冬季留意点：0℃以下也可过冬
大小：小型
栽培容易度：☆☆☆

天气变冷后，会渐渐覆上一层白粉。枝条伸长后可进行修剪，便能恢复成茂盛的圆球形。

龙血景天（小球玫瑰）

生长类型：春秋型
夏季留意点：一整年都应给予充足光照
冬季留意点：可在0℃以下的环境过冬
大小：小型
栽培容易度：☆☆☆

可作为地被植物。气温下降时，会转成鲜丽的紫红色。

新玉缀

生长类型：春秋型
夏季留意点：需约50%的遮光
冬季留意点：避免栽培于0℃以下
大小：小型
一串直径约3厘米
栽培容易度：☆☆

垂吊生长，适合种植于吊盆中。有极小的品种和较大的品种‘大玉缀’等。

黄金万年草

生长类型：整年
夏季留意点：较不耐热，应给予半日照环境
冬季留意点：0℃以下也可过冬
大小：超小型　群生
栽培容易度：☆☆☆

细长型的亮黄绿色叶片，适合当作茂密的地被植物，在大型植物的遮阴处可生长良好。

圆叶覆轮万年草

生长类型：整年
夏季留意点：一整年都应给予充足光照
冬季留意点：0℃以下也可过冬
大小：超小型
栽培容易度：☆☆☆

小巧的圆叶带有白覆轮（白色叶缘），放入组合盆栽中可增添轻盈感。群生。

松叶佛甲草（松叶景天）

生长类型：整年
夏季留意点：一整年都应给予充足光照
冬季留意点：避免栽培于0℃以下
大小：小型
栽培容易度：☆☆☆

拥有针状叶片。健壮且易繁殖。若环境闷热会使下部呈现茶褐色并枯萎，因此，在夏季应进行适度修剪。

大唐米

生长类型：整年
夏季留意点：一整年都应给予充足光照
冬季留意点：-5℃以下也可过冬
大小：超小型
栽培容易度：☆☆☆

原产日本，群生于海岸的岩石上。如米粒般的叶片密集生长。强健且适合庭院栽培。

塞丹

生长类型：春秋型
夏季留意点：一整年都应给予充足光照
冬季留意点：避免栽培于0℃以下
大小：小型
高度3～5厘米
栽培容易度：☆☆☆

亮蓝色的小叶片一整年中几乎不太延伸，拥有清爽感。会开白色的花。

逆弁庆草

生长类型：整年
夏季留意点：一整年都应给予充足光照
冬季留意点：0℃以下也可过冬
大小：小型
栽培容易度：☆☆☆

银叶非常美丽，易群生，也非常适合作庭院的地被植物。强健而且易繁殖。

长生草属

冬型、春秋型

景天科　细根型
原产地：欧洲中南部的山地

小型的莲座类型，叶片包裹起来的样子非常美丽。极为耐寒，也适合露地栽培。夏季应保持半阴和通风良好。匍匐茎会延伸并长出子株，非常容易繁殖。

百惠

生长类型：春秋型
夏季留意点：对于夏季炎热较敏感
冬季留意点：0℃以下也可过冬
大小：小型
直径6～7厘米
栽培容易度：☆☆

以圆筒状的细长形叶片为特征。叶尖带有微微的红褐色，植株基部附近则会长出子株。

快乐小丑

生长类型：春秋型
冬季留意点：避免栽培于0℃以下
大小：小型
直径约5厘米
栽培容易度：☆☆

叶缘带有细小的锯齿，纤细的模样极受欢迎，叶尖带有一点红色。

咖啡

生长类型：春秋型
冬季留意点：避免栽培于0℃以下
大小：小型
直径约6厘米
栽培容易度：☆☆

在春季生长期间，叶尖会呈现出深咖啡色。是能够营造出雅致氛围的人气品种。

蛛丝卷绢

生长类型：春秋型
夏季留意点：具有极佳的耐暑性
冬季留意点：可于-5℃以上过冬
大小：小型
莲座直径约5厘米
栽培容易度：☆☆☆

长生草属具有代表性的品种，随着植株生长，叶尖会长出白丝并覆盖植株。易群生，强健且适合庭院种植。

十二卷属（软叶系）

冬型、春秋型

百合科　粗根型
原产地：南非

为了吸收光线而拥有透明“窗”的软叶系十二卷属多肉，因为奇妙的外形而拥有高人气。应于夏季进行遮光并保持通风，冬季则建议移至室内养护。

姬玉露

生长类型：春秋型
夏季留意点：于半阴条件下栽培
冬季留意点：避免栽培于3℃以下
大小：小型
莲座直径约6厘米
栽培容易度：☆☆

叶片短肥，拥有透明“窗”，紧密相邻。易群生。生长期间只要给予数小时的日照，就能避免徒长。

祝宴寿锦

生长类型：春秋型
夏季留意点：于半阴条件下栽培
冬季留意点：避免栽培于3℃以下
大小：小型
莲座直径约4厘米
栽培容易度：☆☆

带有斑叶的品种。具有透明感的叶尖充满魅力。虽然生长较慢，不过也容易群生。

玉露

生长类型：春秋型
夏季留意点：避免直射阳光，于半阴条件下栽培
冬季留意点：避免栽培于3℃以下
大小：小型
莲座直径约7厘米
栽培容易度：☆☆

和姬玉露相较之下叶片较尖细。生长速度快，容易群生。

仙童唱

生长类型：冬型
夏季留意点：夏季为休眠期，应栽培于遮阴处
冬季留意点：避免栽培于3℃以下
大小：小型
高度约50厘米
栽培容易度：☆☆☆

莲花掌属中的小型品种。圆形叶片为其特征。冬季应给予充足水分和光照。

玉扇

生长类型：春秋型
夏季留意点：于半阴条件下栽培
冬季留意点：避免栽培于3℃以下
大小：小型
宽幅约10厘米
栽培容易度：☆☆

外形像被切开了一样，令人印象深刻，叶片肥厚。粗根会往下延伸，因此，建议用较深的盆器栽培。易群生。

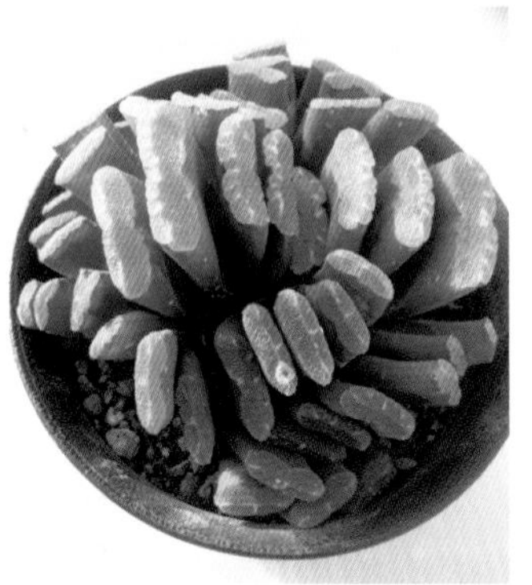

黑法师

生长类型：冬型
夏季留意点：夏季为休眠期，应栽培于遮阴处
冬季留意点：避免栽培于0℃以下
大小：中至大型
可长至高约1.5米
栽培容易度：☆☆☆

黑紫色叶片带有光泽。应栽培于通风良好的场所。将顶部修剪切除后，就能促进生长更多侧芽。

莲花掌属（银鳞草属）

冬型　景天科　细根型
原产地：加那利群岛、北非等

紧密重叠的莲座状叶片为其特征。也有许多茎部伸长呈现直立木质状的品种。冬季日照不足容易徒长。可将徒长的植株剪下扦插，更新植株。

紫羊绒

生长类型：冬型
夏季留意点：耐暑性极佳
冬季留意点：避免栽培于3℃以下
大小：中至大型
莲座直径20厘米以上
高度约1米
栽培容易度：☆☆☆

叶片为紫色，中心呈现绿色的美丽渐变。要注意若放置于遮阴处，叶片会转为绿色。

旭日缀化

生长类型：冬型
夏季留意点：避免直射光，保持凉爽
冬季留意点：可于3℃以上过冬
大小：中型
高度约1米
栽培容易度：☆☆☆

叶缘黄色，带有红晕。将母株部分切除后，便能使子株继续长大。

山地玫瑰

生长类型：冬型
夏季留意点：放置于凉爽处并断水
冬季留意点：冬季为生长期，应确实浇水避免干燥
大小：中型
莲座直径约10厘米
栽培容易度：☆☆

生长期呈现出如照片中的美丽叶片，到了休眠期叶片会包裹起来，彷佛玫瑰花苞般。

厚叶草属

夏型、春秋型 景天科 细根型
原产地：墨西哥

叶片被有天然白霜且肥厚。虽然是夏型种，不过在炎夏生长稍微缓慢。根系生长旺盛，因此，建议每1～2年换一次土。

伽蓝菜属

夏 型 景天科 粗根型和细根型
原产地：马达加斯加、南非

叶片的形状和颜色都独具特色，种类丰富。强健且易栽培，有许多适合庭院种植的品种，不过其中也有不耐寒的品种，栽培于寒冷地区时应移至室内栽培。

维莱德（香肠）

生长类型：春秋型
夏季留意点：炎夏需进行50%遮光
冬季留意点：避免栽培于3℃以下
大小：小型
叶片长度约10厘米
栽培容易度：☆☆

短茎连接着棒状的叶片，会开厚叶草属特有的美丽花朵。

野兔耳

生长类型：夏型
夏季留意点：炎夏应进行50%遮光
冬季留意点：避免栽培于5℃以下
大小：小型
栽培容易度：☆☆☆

叶尖为茶褐色，整体覆盖着一层毛茸茸的细毛。容易长出分枝。群生。适合用于庭院栽培和组合盆栽。

香蕉美人

生长类型：春秋型
夏季留意点：需进行50%的遮光
冬季留意点：避免栽培于3℃以下
大小：小型
叶片长度约4厘米
栽培容易度：☆☆

肥厚且覆盖一层白粉的嫩黄色叶片，看上去就像香蕉，附着在短小的茎部上，神秘的模样极受欢迎。

月兔耳

生长类型：夏型
夏季留意点：一整年都应予充足光照
冬季留意点：避免栽培于5℃以下
大小：中型
高度可达约50厘米
栽培容易度：☆☆☆

细长型的叶片覆盖着一层犹如天鹅绒的细毛。原生于马达加斯加岛，因此，较不耐严寒。

星美人

生长类型：夏型
夏季留意点：一整年都应给予充足光照
冬季留意点：避免栽培于3℃以下
大小：小至中型 莲座直径约7厘米
高度可达约20厘米
栽培容易度：☆☆☆

如鸡蛋的淡粉红色圆润叶片为其特征。是厚叶草属中非常受欢迎的品种。

江户紫

生长类型：夏型
夏季留意点：一整年都应予充足光照
冬季留意点：避免栽培于5℃以下
大小：小型
栽培容易度：☆☆

拥有胭脂色美丽斑纹的人气品种。茎部较短，横向延伸群生。会开非常小的花。

白兔耳（锦毛伽蓝）

生长类型：夏型
夏季留意点：炎夏应进行少许遮光
冬季留意点：避免栽培于5℃以下
大小：小型
栽培容易度：☆☆

叶片和茎部犹如白兔般覆盖了一层白毛。初夏会开粉红色的花。群生。

笹之雪

生长类型：夏型
夏季留意点：一整年都应给予充足光照
冬季留意点：可于-3℃以上过冬
大小：小至中型
莲座直径约50厘米
栽培容易度：☆☆☆

白色细纹和绿叶的对比非常美丽。耐寒且耐暑，生长缓慢。

黄金月兔耳（巧克力士兵）

生长类型：夏型
夏季留意点：炎夏应进行少许遮光
冬季留意点：避免栽培于5℃以下
大小：小型
栽培容易度：☆☆

整体覆盖一层短毛，金色的耳形叶片和巧克力色的叶缘极受欢迎。群生。

福克斯

生长类型：夏型
夏季留意点：一整年都应给予充足光照
冬季留意点：可于室外过冬
大小：大型
莲座直径80～90厘米
栽培容易度：☆☆☆

尖刺卷曲状的'空虚藏'的变种。强健且适合庭院栽培。

龙舌兰属

夏型

龙舌兰科　粗根型
原产地：西半球干旱和半干旱的热带地区，尤以墨西哥的种类最多

叶尖具有刺棘。其中还有体型非常巨大的品种。

雷神

生长类型：夏型
夏季留意点：一整年都应给予充足光照
冬季留意点：可于3℃以上过冬
大小：中型
莲座直径约30厘米
栽培容易度：☆☆☆

叶色偏白且存在感强，拥有美丽的红色尖刺。可种植于盆器中，为庭院增添特色。

翠绿龙舌兰

生长类型：夏型
夏季留意点：一整年都应给予充足光照
冬季留意点：可于5℃以上过冬
大小：大型
栽培容易度：☆☆☆

强健且能庭院栽培，适合当作庭院中具有象征性的特色植物。要注意不要让叶尖的刺伤到。

翡翠盘（狐尾龙舌兰）

生长类型：夏型
夏季留意点：一整年都应给予充足光照
冬季留意点：可于3℃以上过冬
大小：大型
莲座直径约50厘米
高度可达2米
栽培容易度：☆☆☆

黄绿色的叶片上带有美丽覆轮和细纹。叶片边缘无刺，管理方便。

姬吹上

生长类型：夏型
夏季留意点：一整年都应给予充足光照
冬季留意点：可于3℃以上过冬
大小：小型
莲座直径30～40厘米
栽培容易度：☆☆☆

细长的叶片呈现放射状生长。可当作庭院的亮点。

不夜城锦

生长类型：夏型
夏季留意点：一整年都应给予充足光照
冬季留意点：可于0℃以上过冬
大小：中至大型
莲座直径约20厘米
高度可达约80厘米
栽培容易度：☆☆☆

深绿色的叶片带有不规则的黄绿色斑纹。虽然健壮易栽培，但冬天应放入室内管理。

普米拉

生长类型：夏型
夏季留意点：一整年都应给予充足光照
冬季留意点：可于-3℃以上过冬
大小：小型
莲座直径约20厘米
栽培容易度：☆☆☆

照片中植株的纵向条纹非常美丽，叶片呈可爱的三角形。

椰子芦荟

生长类型：整年
夏季留意点：一整年都应给予充足光照
冬季留意点：可于0℃以上过冬
大小：中型
高度可达约50厘米
栽培容易度：☆☆☆

植株大型并且非常茂盛。在芦荟属中算是少数可耐霜害的强健品种，适合庭院栽培。

芦荟属

夏型、春秋型

阿福花亚科（百合科） 粗根型
原产地：南非、马达加斯加岛

含有丰富水分的肥厚叶片，以放射状延展。有许多强健且能在室外栽培的品种，容易栽植。

百鬼夜光

生长类型：春秋型
夏季留意点：一整年都应给予充足光照
冬季留意点：可于0℃以上过冬
大小：小型
栽培容易度：☆☆☆

叶片上布满白色的刺为其特征。会开出芦荟属中最大的花（直径约10厘米），是存在感强烈的品种。

俏芦荟

生长类型：夏型
夏季留意点：一整年都应给予充足光照
冬季留意点：可于3℃以上过冬
大小：中型
莲座直径约8厘米
高度可达约50厘米
栽培容易度：☆☆☆

拥有光泽的叶片带有黄绿色的斑点。会开淡粉色的花。

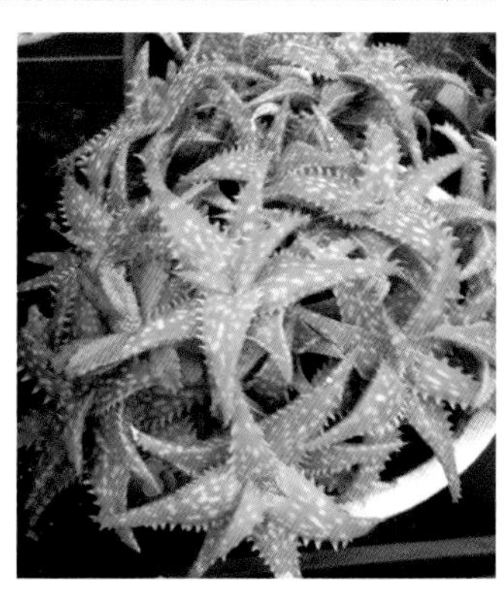

花纹芦荟

生长类型：夏型
夏季留意点：一整年都应给予充足光照
冬季留意点：可于0℃以上过冬
大小：中型
栽培容易度：☆☆☆

近白色的绿色叶片，带黄绿色的美丽细纹。虽稍具高度，不过叶片交互对生延展，呈现出极佳的平衡。

大戟属

夏型、春秋型　大戟科　细根型
原产地：非洲、马达加斯加岛

虽然从热带至温带拥有丰富的品种，但当作多肉植物玩赏的品种主要原产于非洲。形态富有个性，但是耐寒性较弱。

布纹球（晃玉）

生长类型：春秋型
夏季留意点：给予充足光照
冬季留意点：可于3℃以上过冬，冬季应于室内管理
大小：小型
直径10厘米以内
栽培容易度：☆☆
球形，外形类似仙人掌的兜，但无刺座。受伤时会分泌白色有毒液体，要特别注意。

琉璃晃

生长类型：夏型
夏季留意点：应进行50%的遮光
冬季留意点：可于3℃以上过冬，冬季应于室内管理
大小：小型
直径5厘米
栽培容易度：☆☆
像仙人掌般突起的有趣球形大戟属多肉。易群生。

白桦麒麟（玉鳞凤锦）

生长类型：春秋型
夏季留意点：给予充足光照
冬季留意点：可于3℃以上过冬，冬季应于室内管理
大小：中型
高度约20厘米
栽培容易度：☆☆
大戟属‘玉麟凤’的白色变种。茎上有6～8条棱，棱上长有六角状瘤块，前端粉色。

红彩阁

生长类型：夏型
夏季留意点：给予充足光照
冬季留意点：可于3℃以上过冬，冬季应于室内管理
大小：小型
栽培容易度：☆☆☆
外形像柱形仙人掌一样，有红色且锐利的刺。植株受伤时会分泌白色有毒液体，要特别注意。

铜绿麒麟

生长类型：春秋型
夏季留意点：给予充足光照
冬季留意点：可于3℃以上过冬，冬季应于室内管理
大小：中型
高度50～60厘米
栽培容易度：☆☆
青瓷色的枝条映衬着红色的刺，伸出枝条呈现出美丽的树形。春天会开黄色的小花。

魁伟玉

生长类型：夏型
夏季留意点：给予充足光照
冬季留意点：可于3℃以上过冬，冬季应于室内栽培
大小：小型
栽培容易度：☆☆
原生于南非的干旱岩石地区。外形像仙人掌，夏天会开紫色小花。

白帝锦

生长类型：春秋型
夏季留意点：给予充足光照
冬季留意点：可于3℃以上过冬，冬季应于室内管理
大小：大型
高度可达约2米
栽培容易度：☆☆
植株为肉质树状，分枝多，具乳白色的三棱茎及分枝。

其他

绿之铃（翡翠珠、佛珠）

菊科　千里光属
细根型

生长类型：春秋型
夏季留意点：避免夏季阳光直射
冬季留意点：避免栽培于3℃以下
大小：中至大型
垂吊长度将近1米
栽培容易度：☆☆☆
球形叶子向下垂吊生长。

玉雪（Yellow Humbert）

景天科　景天拟石莲杂交属
细根型

生长类型：春秋型
夏季留意点：避免夏季阳光直射
冬季留意点：避免栽培于0℃以下
大小：小型
长度1～2厘米
栽培容易度：☆☆☆
具纺锤形的肥厚叶片。

银月

菊科　千里光属／细根型

生长类型：春秋型
夏季留意点：避免夏季阳光直射
冬季留意点：避免栽培于0℃以下
大小：小型
莲座直径约7厘米
栽培容易度：☆☆
覆盖白色茸毛的纺锤形叶片为其特征。春天开黄花。

折鹤

景天科　银波木属
细根型

生长类型：春秋型
夏季留意点：避免夏季阳光直射
冬季留意点：避免栽培于0℃以下
大小：中型　叶片长约10厘米
高度可达约20厘米
栽培容易度：☆☆☆
肥厚的棒状叶片往斜上方生长，外形犹如纸鹤。

蓝色天使

景天科　景天拟石莲杂交属
细根型

生长类型：夏型
夏季留意点：较不耐夏季炎热
冬季留意点：避免栽培于3℃以下
大小：小型
莲座直径约7厘米
栽培容易度：☆☆
青瓷色的细长叶片呈现放射状，外形精致。易群生。

碧鱼莲

番杏科　碧鱼莲属
细根型

生长类型：冬型
夏季留意点：避免夏季阳光直射
冬季留意点：避免栽培于0℃以下
大小：小至中型
枝条会往下垂吊10厘米以上
栽培容易度：☆☆
特征为小巧的叶片和春天开出的粉红色花。喜水，因此，要避免干燥。

吹雪之松锦

马齿苋科　回欢草属
细根型

生长类型：春秋型
夏季留意点：避免夏季阳光直射
冬季留意点：避免栽培于0℃以下
大小：小型
莲座直径约4厘米
栽培容易度：☆☆
叶片相邻处有细毛。粉红和黄色混合的渐变非常美丽。

林伯群蚕

马齿苋科　回欢草属
细根型

生长类型：春秋型
夏季留意点：避免夏季阳光直射
冬季留意点：避免栽培于0℃以下
大小：小型
每片叶子直径约5毫米
栽培容易度：☆☆
球形的小巧叶片茂密生长，一整年都可呈现红色。

创意无限的多肉植物花园专家

从打造庭院到室内设计
提供绿意生活的创意提案

TRANSHIP

店内放置了种植于时尚盆器中的室内植物及杂物等，还有庭院规划咨询室。

TRANSHIP是一个集结了庭院规划、空间设计、室内设计、家具制作等各种有关创造理想生活的艺术家集团。他们最近也开始积极推荐在庭院内种植多肉植物。同时也有经营店面，人们可以参观各种栽种简单又有个性多肉植物和观叶植物等，因此受到植物爱好者的欢迎。店内摆设了许多适合摆在家中的盆器及原创家具等，可作为参考。

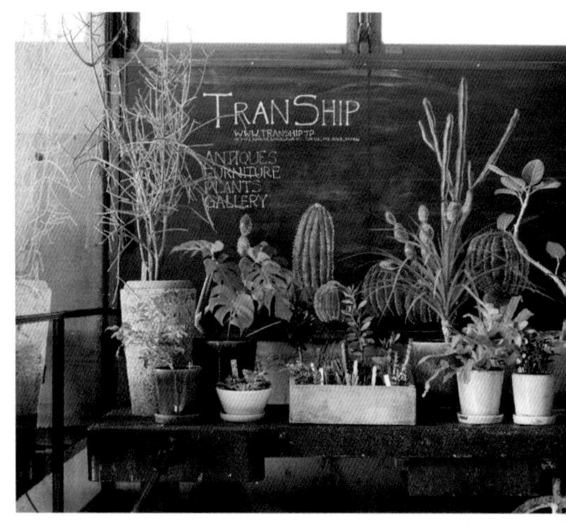

售卖的仙人掌和多肉植物。除了塑料盆之外也展现了原创或精选的个性盆器，可当作盆器搭配的参考。

[地址] 东京都品川区小山3-11-2-1F
[Tel] 03-6421-6055
http://www.tranship.jp/

通过多肉植物等花卉
告诉大家全新的玩赏方法

Lotus Garden

以日本山形县为据点，推荐本土及海外的花卉和植物，并给周围人们的生活方式带来的各种提案。同时也以日本时尚风格的概念，在东京等各地举行展示活动等，富有个性的活动方式受到各界关注，店内也售卖各种多肉植物，还可以在网上订购。

[地址] 山形县酒田市日の出町2丁目11-5 [Tel] 0234-24-0878
http://www.lotusgarden.jp/

于东京郊外的咖啡店2楼
设有组合盆栽教室

Garden & Crafts

咖啡店内巧妙的摆设了各种值得参考的组合盆栽和吊篮。在2楼开设了组合盆栽教室，其讲师是在本书中讲解花环和吊盆的若松泽子老师。咖啡店的柜台接受组合盆栽教室课程的预约。

[地址] 东京都立川市锦町6-23-18
[Tel] 042-548-5233
http://www.gardenadcrafts.com/

将仙人掌和多肉植物的
全新魅力传递给大家

仙人掌咨询室

这是日本各地的多肉植物爱好者相继造访的仙人掌咨询室。也许你会看到店狗“仙人酱”来迎接你哦。

室内放有满满的多肉植物和组合盆栽，其中也有一些珍稀品种，种类丰富，令人流连忘返。

在宽敞的园区内并排设置了好几个温室，温室内种植的全部都是仙人掌和多肉植物。CM总监羽兼直行在1999年创立仙人掌咨询室，旨在将仙人掌和多肉植物提升至艺术领域。从生产、贩售，到用仙人掌和多肉植物打造空间等，持续透过全新的感受，将仙人掌和多肉植物的魅力传递给大家。有许多人远道而来，店员都会仔细说明品种选择或栽培方法。

[地址]群马县馆林市千代田町4-13　[Tel]0276-75-1120 http://www.sabotensoudan.jp/

多肉植物名录

A

阿尔法 *Sempervivum* 'Alpha'
爱星 *Crassula rupestrisf*
暗血帝王芦荟 *Aloe microstigma*

B

白帝锦 *Euphorbia lactea* 'White ghost'
白桦麒麟 *Euphorbia mammillaris* 'Variegata'
白姬之舞 *Kalanchoe rotundifolia*
白毛掌 *Opuntia microdasys* var. *albispina*
白牡丹 *Graptoveria* 'Titubans'
白霜 *Sedum spathulifolium*
白兔耳 *Kalanchoe eriophylla*
白星 *Mammillaria plumosa*
百鬼夜光 *Aloe longistyla* 'Nelii'
百惠 *Sempervivum ossetiense*
碧桃 *Echeveria* 'peach pride'
碧鱼莲 *Echinus maximilianus*
冰绒 *Aeonium ballerina*
不夜城锦 *Aloe mitriformis* f. *variegata*
布纹球 *Euphorbia obesa*

C

尘埃玫瑰 *Echeveria* 'Dusty rose'
澄江 *Echeveria* 'Sumie'
赤鬼城 *Crassula fusca*
丑角 *Sempervivum atroviolaceum*
初恋 *Graptoveria* 'Douglas huth'
串钱藤 *Dischidia nummularia*
吹上 *Agave stricta*
吹雪之松 *Anacampseros rufescens*
吹雪之松锦 *Anacampseros rufescens* f. *variegate*
春萌 *Sedum* 'Alice evans'
翠绿龙舌兰 *Agave gigantensis*

D

大和锦 *Echeveria purpusorum*
大瑞蝶 *Echeveria gigantea*
大唐米 *Sedum oryzifolium*
德氏金铃 *Argyroderma roseum* var. *delaetii*
东云 *Echeveria agavoides*
对叶虎尾兰 *Sansevieria ehrenbergii*

F

方塔 *Crassula* 'Buddha's tenple'
绯牡丹锦 *Gymnocalycium mihanovichii* var.*frierichii* 'Hibotan nishiki'
翡翠杯 *Aeonium canariense*
翡翠殿 *Aloe juvenna*
翡翠盘 Agrave attenuata
粉红莎薇娜 *Echeveria shavian* 'Pink frills'
粉红天使 *Echeveria* 'Pinky'
粉色衬裙 *Echeveria* 'Petticoat'
粉雪 *Sedum australe*
佛甲草 *Sedum lineare*
佛甲草锦 *Sedum lineare* var. *variegata*
佛列德·艾福斯 *Graptoveria* 'Fred lves'
芙蓉雪莲 *Echeveria* 'Laulindsa'
福克斯 *Agave flexispina*
福兔耳 *Kalanchoe eriophylla*
富士 *Orostachys iwarenge* f. *variegate* 'Fuji'

G

高加索景天 *Sedum spurium*
高砂之翁 *Echeveria* 'Takasagono-okina'
古紫 *Echeveria affinis*
光轮 *Graptosedum* 'Gloria'
广寒宫 *Echeveria Cante*

H

黑法师 *Aeonium arboretum* var. *atropurpureum*
黑王子 *Echeveria* 'Black prince'
红彩阁 *Euphorbia enopla*
红覆轮 *Cotyledon macrantha* var. *virescens*
红孩儿 *Crassula atropurpurea* var. *anomala*
红司 *Echeveria nodulosa*
红勋花 *Sempervivum* 'Gray Lady'
红缘东云 *Echeveria agavoides* 'Red edge'
红缘莲花掌 *Aeonium haworthii*
红稚儿 *Crassula pubescens* ssp. *radicans*
虹之玉 *Sedum rubrotinctum*
狐尾龙舌兰 *Agave attenuate*
胡桃玉 *Oophytum oviforme*
蝴蝶之舞 *Kalanchoe fedtschenkoi*
虎眼万年青 *Ornithogalum caudatum*
花司 *Echeveria harmsii*
花纹芦荟 Aloe karasmontana
花月夜 *Echeveria pulidonis*
华丽风车 *Graptopetalum pentandrum*
黄金高加索景天 *Sedum spurium* 'Golden's bud'
黄 金 花 月 *Crassula ovata* 'Hummel's sunset'
黄金丸叶万年草 *Sedum makinoi* 'Ogor'
黄金万年草 *Sedum hispanicum*
黄金月兔耳 *Kalanchoe tomentosa* 'Golden girl'
黄丽 *Sedum adolphii*
黄毛掌 *Opuntia microdasys*
回首美人 *Pachyveria mikaeribijin*
火祭 *Crassula capitella* 'Campfire'

J

姬白磷 *Sedum brevifolium*
姬吹上 *Agave strictanan*
姬莲 *Echeveria minima*
姬胧月 *Graptosedum paraguayense* 'Bronze'
姬秋丽 *Graptopetalum* 'Mirinae'
姬星美人 *Sedum dasyphyllum*
姬玉露 *Haworthia cooperi* var. *truncate*
吉普赛 *Echeveria* 'Gypsy'
吉娃娃 *Echeveria chihuahuaensis*
吉祥冠 *Agave potatorum*
极光 *Sedum rubrotinctum* f. *vatiegata*
极乐锦 *Aloe arenicola*
剑叶菊 *Senecio kleiniiformis*
江户紫 *Kalanchoe fumilis*
金边龙舌兰 *Agave americana* var. *marginata aurea*
锦之司 *Echeveria* 'Pulv-oliver'
静月 *Echeveria* 'Fallax'
镜狮子 *Aeonium* 'Nobile'
九轮塔 *Haworthia coarctata*
菊日和 *Graptopetalum filiferum*

K

咖啡 *Sempervivum* 'Cafe'
空虚藏 *Agrave parryi*
快乐小丑 *Sempervivum* 'Gay Jester'
魁伟玉 *Euphorbia horrida*

L

蓝色天使 *Sedeveria* 'Fanfare'
劳尔 *Sedum clavatum*
雷神 *Agave potatorum*
立田 *Pachyveria scheideckeri*
连城阁 *Cereus fernambucensis*
林 伯 群 蚕 *Anacampseros subnuda* ssp. 'Lubbersii'

林赛 *Echeveria colorata* 'Lindsayana'
琉璃晃 *Euphorbia susannae.*
柳叶莲华 *Sedeveria* 'Hummellii'
龙血锦 *Sedum spurium* 'Tricolor'
龙血景天 *Sedum spurium* 'Dragon's blood'
胧月 *Graptopetalum paraguayense*
绿凤凰 *Orostachys iwarenge*
绿珊瑚缀化 *Euphorbia tirucalli* f. *cristata*
绿之玲 *Senecio rowleyanus*

M
美丽莲 *Graptopetalum bellum*
美洲龙舌兰 *Agave americana*
梦幻城 *Mammillaria bucareliensis*
铭月 *Sedum nussbaumerianum*
墨西哥巨人 *Echeveria* 'Mexican giant'

N
妮可莎娜 *Echeveria* 'Nicksana'
逆弁庆草 *Sedum reflexum*
纽伦堡珍珠 *Echeveria* 'Perle von nurenberg'
女雏 *Echeveria* 'Mebina'
女王花笠 *Echeveria* 'Meridian'

P
皮氏蓝石莲 *Echeveria peacockii* 'Desmetiana'
普米拉 *Agave pumila*

Q
七福神 *Echeveria secunda*
茜牡丹杂交种 *Echeveria* 'Akanebotan hybrid'
茜之塔 *Crassula capitella*
俏芦荟 *Aloe jucunda*
青龙树 *Crassula sarcocaulis*
秋丽 *Graptosedum* 'Francesco baldi'
屈原之舞扇 *Agave* 'Kutsugen-no-maiougi'

R
仁王冠 *Agave titanota* sp. 'No.1'
日高 *Sedum cauticolum*
若绿 *Crassula muscosa* var. *purpusii*

S
塞丹 *Sedum laconicum*
三色叶 *Sedum spurium* 'Tricolor'
沙漠玫瑰 *Adenium obesum*
山地玫瑰 *Aeonium aureum*
扇状虎尾兰 *Sansevieria lavranos*
神刀 *Crassula perfoliata* var. *falcate*
圣卡洛斯 *Echeveria runyonii* 'San carlos'
笹之雪 *Agave victoriae-reginae*
寿丽玉 *Lithops julii* ssp. *julii*
数珠星 *Crassula rupestris* ssp.*marnierana*
霜之朝 *Pachyveria exotica*
霜之鹤 *Echeveria pallida*
丝苇 *Rhipsalis baccifera*
斯特罗尼菲拉 *Echeveria* 'Stolonifera'
松叶佛甲草 *Sedum mexicanum*

T
桃太郎 *Echeveri*a 'Momotarou'
桃之卵 *Graptopetalum amethystinum*
特叶玉蝶 *Echeveria runyonii* 'Topsy turvy'
特玉莲 *Echeveria runyonii* 'Topsy turvy'
天狗之舞 *Crassula dejecta*
天锦章 *Adromischus cooperi*
条纹十二卷 *Haworthia fasciata*
铜绿麒麟 *Euphorbia aeruginos*a
筒叶花月 *Crassula portulacea* 'Golum'
筒叶菊 *Crassula tetragona*

W
丸叶万年草 *Sedum makinoi*
丸叶万年草白覆轮 *Sedum makinoi* f. *vatiegate*
晚红瓦松 *Orostachys japonica*
维莱德 *Pachyphytum viride*
蔚蓝 *Echeveria* 'Blue azur'
五色万代 *Agave lophantha* f. *variegata*
伍迪 *Crassula woodii*
舞衣 *Echeveria* 'Party dress'
舞乙女 *Crassula rupestris* ssp. *marnierana*

X
香蕉美人 *Pachyphytum werdermannii*
新玉缀 *Sedum burrito*
信东尼 *Sedum hintonii*
星美人 *Pachyphytum oviferum*
星王子 *Crassula conjuncta*
星乙女 *Crassula perforata*
熊童子 *Cotyledon tomentosa*
修米里暗纹黑爪 *Echeveria humilis* 'Camargo'
旭鹤杂交种 *Echeveria gibbiflora* 'Hybrid'
旭日 *Aeonium urbicum* 'Sunburst'
旭日缀化 *Aeonium urbicum* 'Sunburst' f. *cristata*
雪锦星 *Echeveria pulvinata* 'Frosty'
雪莲 *Echeveria laui*

Y
雅乐之舞 *Portulacaria afra* var. *variegate*
岩莲华 *Orostachys iwarenge*
艳日辉 *Aeonium decorum* f. *variegata*
艳姿 *Aeonium undulatum*
燕子掌 *Crassula ovata*
椰子芦荟 *Aloe striatula*
野兔耳 *Kalanchoe tomentosa* 'Nousagi'
乙女心 *Sedum pachyphyllum*
银波锦 *Cotyledon undulata*
银天女 *Graptopetalum rusbyi*
银武源 *Echeveria* 'Ginbugen'
银月 *Senecio haworthii*
雨滴 *Echeveria* 'Raindrops'
雨心 *Crassula volkensif*
玉盃 *Umbilicus rupestris*
玉麟凤 *Euphorbia mammillaris*
玉露 *Haworthia cooperi*
玉扇 *Haworthia truncata*
玉树 *Crassula arborescens*
玉雪 *Sedeveria* 'Snow jade'
玉缀 *Sedum morganianum*
圆头玉露 *Haworthia cooperi* var. *pilifera*
圆叶椒草 *Peperomia obtusifolia*
约瑟夫夫人 *Sempervivum* 'Mrs. Josephy'
月兔耳 *Kalanchoe tomentosa*
月影 *Echeveria elegans*

Z
窄叶不死鸟 *Bryophyllum pinnatum*
皱叶蓝石莲 *Echeveria subsessilis*
朱莲 *Kalanchoe longiflora*
蛛丝卷绢 *Semperivivum arachnoideum*
渚之梦 *Echeveria* 'Nagisanoyume'
祝宴寿锦 *Haworthia turgida* f. *variegata*
紫弦月 *Othonna capensis*
紫羊绒 *Aeonium arboreum* 'Velour'

图书在版编目（CIP）数据

新手的多肉植物庭院造景/（日）羽兼直行编著；新锐园艺工作室组译.—北京：中国农业出版社，2020.7
（轻松造园记系列）
ISBN 978-7-109-26657-5

Ⅰ.①小… Ⅱ.①羽… ②新… Ⅲ.①多浆植物－观赏园艺 Ⅳ.①S682.33

中国版本图书馆CIP数据核字（2020）第039719号

合同登记号：图字01-2019-5618号

中国农业出版社出版
地址：北京市朝阳区麦子店街18号楼
邮编：100125
责任编辑：郭晨茜　国　圆
责任校对：吴丽婷
印刷：北京中科印刷有限公司
版次：2020年7月第1版
印次：2020年7月北京第1次印刷
发行：新华书店北京发行所
开本：889mm × 1194mm　1/16
印张：8
字数：300千字
定价：56.00元

版权所有 · 侵权必究
凡购买本社图书，如有印装质量问题，我社负责调换。
服务电话：010－59195115　010－59194918

HAJIMETENO TANIKUSHOKUBUTSU GARDEN
supervised by Naoyuki Hagane
Copyright © 2016 SEIBIDO SHUPPAN
All rights reserved.
Original Japanese edition published by SEIBIDO SHUPPAN CO.,LTD., Tokyo.
This Simplified Chinese language edition is published by arrangement with
SEIBIDO SHUPPAN CO.,LTD., Tokyo in care of Tuttle-Mori Agency, Inc., Tokyo
through Beijing Kareka Consultation Center, Beijing

本书简体中文版由成美堂出版株式会社授权中国农业出版社有限公司独家出版发行。通过TUTTLE-MORI AGENCY,INC.和北京可丽可咨询中心两家代理办理相关事宜。本书内容的任何部分，事先未经出版者书面许可，不得以任何方式或手段复制或刊载。